浙江省实验教学示范中心建设成果

计算机与软件工程实验指导丛书

数字逻辑及计算机组成
实验指导

倪金龙 朱安定 主编

浙江工商大学出版社
ZHEJIANG GONGSHANG UNIVERSITY PRESS

图书在版编目(CIP)数据

数字逻辑及计算机组成实验指导 / 倪金龙,朱安定主编. ——
杭州：浙江工商大学出版社,2014.9(2024.8 重印)
　　ISBN 978-7-5178-0623-3

　　Ⅰ.①数… Ⅱ.①倪… ②朱… Ⅲ.①数字逻辑－高等学校－
教材②计算机组成原理－高等学校－教材 Ⅳ.①TP3

中国版本图书馆 CIP 数据核字(2014)第 196545 号

数字逻辑及计算机组成实验指导

倪金龙　朱安定　主编

责任编辑	吴岳婷	
封面设计	王妤驰	
责任印制	包建辉	
出版发行	浙江工商大学出版社	
	(杭州市教工路 198 号　邮政编码 310012)	
	(E-mail:zjgsupress@163.com)	
	(网址:http://www.zjgsupress.com)	
	电话:0571-88904980,88831806(传真)	
排　　版	杭州朝曦图文设计有限公司	
印　　刷	广东虎彩云印刷有限公司绍兴分公司	
开　　本	787mm×960mm　1/16	
印　　张	10.25	
字　　数	201 千	
版 印 次	2014 年 9 月第 1 版　2024 年 8 月第 4 次印刷	
书　　号	ISBN 978-7-5178-0623-3	
定　　价	24.00 元	

"计算机与软件工程实验指导丛书"编委会

总　　序

以计算机技术为核心的信息产业极大地促进了当代社会和经济的发展,培养具有扎实的计算机理论知识、丰富的实践能力和创新意识的应用型人才,形成一支有相当规模和质量的专业技术人员队伍来满足各行各业的信息化人才需求,已成为当前计算机教学的当务之急。

计算机学科发展迅速,新理论、新技术不断涌现,而计算机专业的传统教材,特别是实验教材仍然使用一些相对落后的实验案例和实验内容,无法适应当代计算机人才培养的需要,教材的更新和建设迫在眉睫。目前,一些高校在计算机专业的实践教学和教材改革等方面做了大量工作,许多教师在实践教学和科研等方面积累了许多宝贵经验。将他们的教学经验和科研成果转化为教材,介绍给国内同仁,对于深化计算机专业的实践教学改革有着十分重要的意义。

为此,浙江工商大学出版社、浙江工商大学计算机技术与工程实验教学中心及软件工程实验教学中心邀请长期工作在教学、科研第一线的专家教授,根据多年人才培养及实践教学的经验,针对国内外企业对计算机人才的知识和能力需求,组织编写了"计算机与软件工程实验指导丛书"。该丛书包括《操作系统实验指导》《嵌入式系统实验指导》《数据库系统原理学习指导》《Java 程序设计实验指导》《接口与通信实验指导》《My SQL 实验指导》《软件项目管理实验指导》《软件工程开源实验指导》《计算机网络基础实验》《数字逻辑及计算机组成实验指导》《计算机应用技术(Office 2010)实验指导》等书,涵盖了计算机及软件工程等专业的核心课程。

　　丛书的作者长期工作在教学、科研的第一线,具有丰富的教学经验和较高的学术水平。教材内容凸显当代计算机科学技术的发展,强调掌握相关学科所需的基本技能、方法和技术,培养学生解决实际问题的能力。实验案例选材广泛,来自学生课题、教师科研项目、企业案例以及开源项目,强调实验教学与科研、应用开发、产业前沿紧密结合,体现实用性和前瞻性,有利于激发学生的学习兴趣。

　　我们希望本丛书的出版,对国内计算机专业实践教学改革和信息技术人才的培养起到积极的推动作用。

"计算机与软件工程实验指导丛书"编委会
2014 年 6 月

目　　录

绪　论

　　数字电路是一门注重实践的课程,理论的学习需要在实际动手操作中得到验证和提高。随着现代电子技术和 EDA 的飞速发展,对于计算机科学专业的学生来说,利用有限的课时和设备,尽可能多地掌握现代电子技术的设计方法和工具,不仅能加深对计算机的理解,而且能够更好地把握计算机技术的发展方向。

　　通过学生亲自动手,来帮助其进一步理解和掌握基础理论知识,培养学生分析问题和解决问题的能力,同时培养学生拥有科研所必需的科学实验能力和素质。

　　通过实验课程,帮助学生学会使用常用的电子仪器和测量方法,引导学生总结和分析各种实验现象,逐步掌握科学的工作方法,培养为达到预期目的而进行设计与组织实验的能力,培养勤奋、科学、求实、严谨的科学态度。

　　数字电路实验按性质可分为验证性实验、综合性实验、设计性实验和开放性实验 4 种。不同性质的实验对学生的素质和能力有不同的培养要求。数字信号是大信号,绝大部分元器件都工作在开关状态,输入输出要么是高电平,要么是低电平,而输入和输出之间的关系不是放大关系,而是逻辑关系,所以数字电路比较强调逻辑关系的正确性和逻辑电平的规范性。

　　通过实验,我们还能培养学生撰写实验报告的能力。实验报告是学生对实验的总结,反映了学生对该实验的理解,如实地记录了实验的过程和结果,反映了学生的动手能力和科学分析问题的能力。因此,每个学生都必须非常认真地对待。实验报告的书写能力亦是实验的有机组成部分,实验报告必须包括以下几部分:

　　(1)进行本实验的目的及最终要达到的技术指标;

　　(2)实验的电路方案和所需的仪器设备;

　　(3)实验过程中的程序和编译结果;

　　(4)实验过程中的测试数据、波形以及对原电路方案的修正情况;

（5）实验中遇到的故障，现象以及处理的结果；

（6）最后的结果（指标，波形等）及结论；

（7）对原定技术指标和最后实验结果进行分析讨论。

实验技术对数字电路课程非常重要，希望每个同学都能以极其认真的态度对待它。

实验○　实验设备简介

一、数字电路实验箱

1.系统结构

数字电路实验箱由 A 和 B 两部分组成(实际教学用的实验箱布局上有所不同),如图 0.1 所示。图 0.1 中上半部分为 A 部分,主要由通用电路、电源接口等组成,下半部分为部分 B,主要作为系统实验区用。

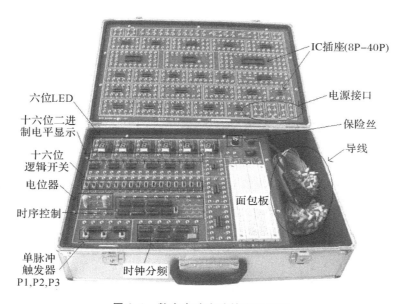

六位LED
十六位二进制电平显示
十六位逻辑开关
电位器
时序控制
单脉冲触发器P1,P2,P3
时钟分频
IC插座(8P-40P)
电源接口
保险丝
导线
面包板

图 0.1　数字电路实验箱实物图解

2.系统组成

图 0.1 中,实验箱设有 8P、14P、16P、20P、24P、28P、40P 共 28 个可靠的 IC 插

座,引出孔选用锁紧式大孔座;2只可调电位器及面包板,则设有小圆孔插座,可供电阻、电容、二极管、三极管等分立元件使用。

实验箱还设有6位BCD码译码LED显示器、16位二进制电平显示器、16位逻辑电平开关电路、单脉冲电路、时序发生器启停电路、时钟分频电路。

实验箱可调电位器及面包板则是为模拟电路实验所提供需要条件。

实验箱的单脉冲电路提供3组正负单脉冲。时钟分频电路提供一组频率可选1Hz、10Hz、100Hz、1kHz、10kHz、100kHz、1MHz的方波。时序发生器及启停电路产生1组T1~T4的时序信号。

实验箱备有可多次叠插的锁紧插头线。电源采用220V±10%,50Hz交流输入,输出为直流±5V/2A和±12V/300mA。

实验箱通用电路说明见附录A。

3.实验区组成

实验区采用集成电路插座、锁紧式叠插针,集成电路插座与锁紧式叠插针之间由印刷线路板连通。实验板上有集成电路插座28个,其中IC1~IC7,IC12,IC21插座电源、地线未接,供做模拟电路及其他电路的电源、地线,其余IC插座电源、地线均已接好。另有电阻、电容、二极管、三极管、电位器等模拟电路设定区,供脉冲电路、模拟电路实验使用。

4.实验注意事项

(1)实验前必须认真阅读实验指导书,分析掌握该次实验电路元件的原理。

(2)使用实验箱要特别注意电源的正负极不能接反,电压值不能超过规定的范围。

(3)实验时,接线要认真,电源一定要接+5V,特别应注意电路的输出切勿与电源线或地线短路。

(4)实验时,应注意元器件有无发烫、异味、冒烟,若发现应立即切断电源,保持现场并报告指导老师。找出原因,排除故障,经指导老师同意后再继续实验。

(5)实验过程中,需要改动接线时,应先关断电源后才能拆、接线。务必防止在通电状态下,插拔电路连线和IC器件。有的实验,必须由实验教师检查后,才能通电实验。

(6)实验完毕,整理数据。经指导老师同意后,可切断电源拔出电源插头,拆除连线,并整理好实验箱。

(7)每位同学必须按要求独立完成实验报告。

5.实验箱集成电路连线注意事项

(1)用于实验的实验箱采用锁紧式叠插针和集成电路插座连线,应注意正确使用叠插针。

(2)实验前,应先插入集成电路、电阻等元件。

（3）实验时,应根据导线的长度合理使用,不要用太长的导线,同时尽量多用几种颜色。连接时,导线插入叠插针,顺时针转 20°～30°,不要太用力,不然太紧不容易拆除。

（4）实验时,注意实验板上的电路插座大部分电源线地线都已连接好。有几个插座电源线、地线未连接,这部分插座是供电源、地线不在对角线位置的集成电路使用。

（5）特别注意集成电路的正方向一定要和 IC 插座的正方向一致,注意避免集成电路的电源和地线接错。

（6）插 IC 器件时,必须先将 IC 器件各管脚正对 IC 插座,确认各管脚都已经插入插座中之后,再均匀用力,将 IC 器件按入插座。拔 IC 器件时,必须先用镊子轻轻撬起 IC 器件一端,然后再撬起另一端,最后再将 IC 器件拔出插座。

（7）实验结束时,逆时针转导线 20°～30°,轻拔接线,不要太用力,不能直接拉导线,否则容易损坏导线。

二、EDA 实验箱

1. 系统结构

EDA 实验箱由主板和插板组成,主板实现基本的功能,更换不同的插板可以增加不同的功能(实际教学用的实验箱布局上有所不同),如图 0.2 所示。

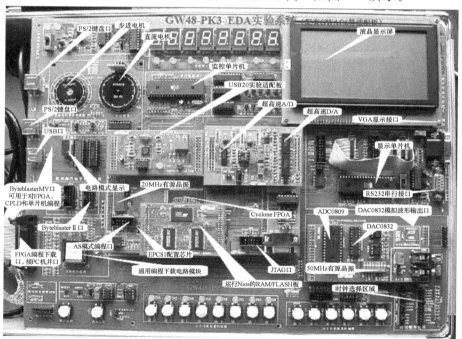

图 0.2 EDA 实验箱实物图

5

2. 系统组成

EDA 系统包括含 Cyclone FPGA 1C6Q240,32 万门(按 Xilinx FPGA 计算方式),端口资源全开放;倍频/分频锁相环 PLL 2 个,嵌入式系统块 M4K,能使用嵌入式逻辑分析仪 SignalTap Ⅱ、在系统 RAM/ROM 编辑器等;用于 FPGA 掉电保护配置器件 4M Flash,10 万次重复编程次数,且可兼作软核嵌入式系统数据存储器;USB 接口;PS/2 键盘、PS/2 鼠标接口;全彩色 VGA 控制模块与接口一个;512KB SRAM 之 VGA 显示缓存;以太网口;EPM3032A CPLD;RS232 串口;SD 卡接口,可接 1~2GB Flash;20MHz 时钟源(可倍频到 300MHz);语音采样口;立体声输出口;MIC 模拟输入口;高速时钟;超高速双通道 DAC 及 ADC 板接口(180MHz 转换时钟率双路超高速 10 位 DAC、50MHz 单通道超高速 8 位 ADC);300MHz 超高速单运放 2 个;ispPAC10 模拟 EDA 实验适配板。

该系统的实验电路结构是可控的。即可通过控制接口键,使之改变连接方式以适应不同的实验需要。因而,从物理结构上看,实验板的电路结构是固定的,但其内部的信息流会在主控器的控制下,使电路结构发生变化、重配置。这种"多任务重配置"设计方案的目的有 3 个:(1)适应更多的实验与开发项目;(2)适应更多的 PLD 公司的器件;(3)适应更多的不同封装的 FPGA 和 CPLD 器件。

系统组成如下:

(1)模式选择键:按动该键能使实验板产生 12 种不同的实验电路结构。这些结构如附录 B 的 13 张实验电路结构图所示。例如选择了"NO.3"图,须按动系统板上此键,直至数码管"模式指示"上显示"3",此时系统即进入了"NO.3"图所示的实验电路结构。

(2)适配板:这是一块插于主系统板上的目标芯片适配座。对于不同的目标芯片可配不同的适配座。可用的目标芯片包括目前世界上最大的 6 家 FPGA/CPLD 厂商几乎所有 CPLD、FPGA 和所有 ispPAC 等模拟 EDA 器件。附录 B 的表中已列出多种芯片对系统板引脚的对应关系,以便在实验时经常查用。

(3)ByteblasterMV 编程配置口:如果要进行独立电子系统开发,首先应该将系统板上的目标芯片适配座拔下(对于 Cyclone 器件不用拔),用配置的 10 芯编程线将 ByteblasterMV 口和独立系统上适配板上的 10 芯口相接,进行系统编程,进行调试测试。ByteblasterMV 口能对不同公司,不同封装的 CPLD/FPGA 进行编程下载,也能对 isp 单片机 89S51 等进行编程。编程的目标芯片和引脚连线可参考附录 B,从而进行二次开发。

(4)Byteblaster Ⅱ 编程配置口:该口主要用于对 Cyclone 系列 AS 模式专用配置器件 EPCS4 和 EPCS1 等编程。

(5)混合工作电压源:系统不必通过切换即可为 CPLD/FPGA 目标器件提供

5V、3.3V、2.5V、1.8V和1.5V工作电源。

（6）JP5编程模式选择跳线：如果要对Cyclone的配置芯片进行编程，应该将跳线接于ByBtⅡ端，再将标有ByteblasterⅡ编程配置口同适配板上EPCS4/1的AS模式下载口用10芯线连接起来，通过QuartusⅡ进行编程。当短路Others端时，可对其他所有器件编程。

（7）JP6/JVCC/VS2编程电压选择跳线：跳线JVCC（GW48—PK2型标为"JP6"）是对编程下载口的选择跳线。对5V器件，如10K10、10K20、7128S、1032、95108、89S51单片机等，必须选5.0V端。而对低于或等于3.3V的低压器件，如1K30、1K100、10K30E、20K300、Cyclone、7128B等一律选择3.3V一端。

（8）并行下载口：此接口通过下载线与微机的打印机口相连。来自PC机的下载控制信号和CPLD/FPGA的目标码将通过此口，完成对目标芯片的编程下载。计算机的并行口通信模式最好设置成EPP模式。

（9）键1～键8：为实验信号控制键，此8个键受"多任务重配置"电路控制，它在每一张电路图中的功能及其与主系统的连接方式随模式选择键选定的模式而变，使用中需参照附录B电路图。

（10）键9～键14（GW48—PK2型含此键）：此6个键不受"多任务重配置"电路控制，由于键信号速度慢，所以其键信号输入口是全开放的，各端口定义在插座JP8处，可通过手动调节插线的方式来实用，键输出默认高电平。

　　注意：键1～键8是由"多任务重配置"电路结构控制的，所以键的输出信号没有抖动问题，不需要在目标芯片的电路设计中加入消抖动电路，这样能简化设计，迅速入门。但设计者如果希望完成键的消抖动电路设计练习，必须使用键9至键14来实现。

（11）数码管1～8/发光管D1～D16：受"多任务重配置"电路控制，它们的连线形式也需参照附录B的电路图。

（12）时钟频率选择：位于主系统的右侧，通过短路帽的不同接插方式，使目标芯片获得不同的时钟频率信号。对于CLOCK0，同时只能插一个短路帽，以便选择输向CLOCK0的一种频率，信号频率范围：0.5Hz～50MHz。由于CLOCK0可选的频率比较多，所以比较适合用于目标芯片对信号频率或周期测量等设计项目的信号输入端。右侧座分3个频率源组，它们分别对应3组时钟输入端：CLOCK2、CLOCK5、CLOCK9。例如，将3个短路帽分别插于对应座的2Hz、1 024Hz和12MHz，则CLOCK2、CLOCK5、CLOCK9分别获得上述3个信号频率。需要特别注意的是，每一组频率源及其对应时钟输入端，分别只能插一个短路帽，也就是说最多只能提供4个时钟频率输入FPGA：CLOCK0、CLOCK2、

CLOCK5、CLOCK9。

（13）扬声器：与目标芯片的 SPEAKER 端相接，通过此口可以进行奏乐或了解信号频率，以及它与目标器件的具体引脚号。

（14）PS/2 接口：通过此接口，可以将 PC 机的键盘和鼠标与 GW48 系统的目标芯片相连，从而完成 PS/2 通信与控制方面的接口实验，GW48-GK/PK2 含另一PS/2 接口，引脚连接情况参照附录 B（实验电路结构 NO.5 图）。

（15）VGA 视频接口：通过它可完成目标芯片对 VGA 显示器的控制。

（16）单片机接口器件：它与目标板的连接方式也已标于主系统板上。

> **注意**：实验板右侧有一开关，若向"TO_FPGA"拨，将 RS232 通信口直接与 FPGA 相接；若向"TO_MCU"拨，则与 89S51 单片机的 P30 和 P31 端口相接。于是通过此开关可以进行不同的通信实验。平时此开关应该向"TO_MCU"拨，这样可不影响 FPGA 的工作！

（17）RS-232 串行通信接口：此接口电路是为 FPGA 与 PC 通讯和 SOPC 调试准备的。或使 PC 机、单片机、FPGA/CPLD 三者实现双向通信。

（18）"AOUT"D/A 转换：利用此电路模块（实验板左下侧），可以完成 FPGA/CPLD 目标芯片与 D/A 转换器的接口实验及相应的开发。它们之间的连接方式可参阅附录 B（实验电路结构"NO.5"图）：D/A 的模拟信号的输出接口是"AOUT"，示波器可挂接左下角的两个连接端。当使能拨码开关 8；"滤波 1"时，D/A 的模拟输出将获得不同程度的滤波效果。

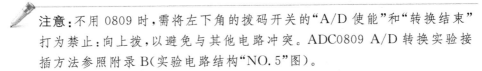

> **注意**：进行 D/A 接口实验时，需打开系统上侧的±12V 电源开关（实验结束后关上此电源！）。

（19）AIN0/AIN1：外界模拟信号可以分别通过系统板左下侧的两个输入端AIN0 和 AIN1 进入 A/D 转换器 ADC0809 的输入通道 IN0 和 IN1，ADC0809 与目标芯片直接相连。通过适当设计，目标芯片可以完成对 ADC0809 的工作方式确定、输入端口选择、数据采集与处理等所有控制工作，并可通过系统板提供的译码显示电路，将测得的结果显示出来。

> **注意**：不用 0809 时，需将左下角的拨码开关的"A/D 使能"和"转换结束"打为禁止；向上拨，以避免与其他电路冲突。ADC0809 A/D 转换实验接插方法参照附录 B（实验电路结构"NO.5"图）。

（20）VR1/AIN1：VR1 电位器，通过它可以产生 0V～+5V 幅度可调的电压。其输入口是 0809 的 IN1（与外接口 AIN1 相连，但当 AIN1 插入外输入插头时，VR1

将与 IN1 自动断开)。若利用 VR1 产生被测电压,则需使 0809 的第 25 脚置高电平,即选择 IN1 通道,参照附录 B(实验电路结构"NO. 5"图)。

(21) AIN0 的特殊用法:系统板上设置了一个比较器电路,主要由 LM311 组成。若与 D/A 电路相结合,可以将目标器件设计成逐次比较型 A/D 变换器的控制器,参照附录 B(实验电路结构"NO. 5"图)。

(22) 系统复位键:此键是系统板上负责监控的微处理器的复位控制键,同时也与接口单片机和 LCD 控制单片机的复位端相连,兼作单片机的复位键。

(23) 跳线座 SPS:短接"T_F"可以使用"在系统频率计"。频率输入端在主板右侧标有"频率计"处。模式选择为"A"。短接"PIO48"时,信号 PIO48 可用,如附录 B 实验电路结构图"NO. 1"图中的 PIO48。平时应该短路"PIO48"。

(24) ±12V 电源开关:在实验板左上角,有指示灯。电源提供对象:A. 与 082、311 及 DAC0832 等相关的实验;B. 模拟信号发生源;C. GW48-DSP/DSP+适配板上的 D/A 及参考电源;此电源输出口可参见附图 1.2。平时,此电源必须关闭!

(25) 智能逻辑笔:逻辑信号由实验板左侧的"LOGIC PEN INPUT"输入。测试结果:

A. 高电平:判定为大于 3V 的电压,亮第 1 个发光管;B. 低电平:判定为小于 1V 的电压,亮第 2 个发光管;C. 高阻态:判定为输入阻抗大于 100 kΩ 的输出信号,亮第 3 个发光管。注意,此功能具有智能化;D. 中电平:判定为小于 3V,大于 1V 的电压,亮第 4 个发光管;E. 脉冲信号:判定为存在脉冲信号时,亮所有的发光管。注意,使用逻辑笔时,CLOCK0/CLOCK9 上不要接 50MHz,以免干扰。

(26) 模拟信号发生源:信号源主要用于 DSP/SOPC 实验及 A/D 高速采样用信号源。使用方法如下:A. 打开±12V 电源;B. 用一插线将右下角的某一频率信号(如 65 536Hz)连向单片机上方插座 JP18 的 INPUT 端;C. 这时在 JP17 的 OUTPUT 端及信号挂钩 WAVE OUT 端同时输出模拟信号,可用示波器显示输出模拟信号(这时输出的频率也是 65 536Hz);D. 实验系统右侧的电位器上方的 3 针座控制输出是否加入滤波:向左端短路加滤波电容;向右短路断开滤波电容;E. 此电位器是调谐输出幅度的,应该将输出幅度控制在 0~5V 内。

(27) JP13 选择 VGA 输出:将 ENBL 短路,使 VGA 输出显示使能;将 HIBT 短路,使 VGA 输出显示禁止,这时可以将来自外部的 VGA 显示信号通过 JP12 座由 VGA 口输出。此功能留给 SOPC 开发。

(28) FPGA 与 LCD 连接方式:由附录 B 图附 11 的实验电路结构图 COM 可知,默认情况下,FPGA 是通过 89C51 单片机控制 LCD 液晶显示的,但若 FPGA 中有 Nios 嵌入式系统,则能使 FPGA 直接控制 LCD 显示。方法是拔去此单片机(在右下侧),用连线将座 JP22/JP21(LCD 显示器引脚信号)各信号分别与插座 JP19/

JP20（FPGA引脚信号）相连接即可。

（29）JP23 使用说明：单排座 JP23 有 3 个信号端，分别来自此单片机的 I/O 口。

3. 注意事项

（1）闲置不用系统时，必须关闭电源！

（2）在实验中，当选中某种模式后，要按一下右侧的复位键，以使系统进入该结构模式工作。注意此复位键仅对实验系统的监控模块复位，而对目标器件 FPGA 没有影响。FPGA 本身没有复位的概念，上电后即工作。在没有配置前，FPGA 的 I/O 口是随机的，故可以从数码管上看到随机闪动，配置后的 I/O 口才会有确定的输出电平。

（3）换目标芯片时要特别注意，不要插反或插错，也不要带电插拔，确信插对后才能开电源。其他接口都可带电插拔。

（4）请特别注意，尽可能不要随意插拔适配板及实验系统上的其他芯片。

实验一　基本门电路逻辑功能测试

一、实验目的

1.掌握基本门电路的逻辑功能

2.掌握数字集成电路的使用规则和方法

3.熟悉数字电路实验箱的结构、基本功能和使用方法

二、实验预习要求

1.仔细阅读并熟悉实验0中关于数字逻辑实验箱的说明和使用注意事项

2.了解与非门、异或门以及非门的逻辑特征

3.熟悉各测试电路,了解测试原理和测试方法

4.了解 74LS00、74LS20 和 74LS86 的外引线排列(参照附录 C)

5.按照实验内容自拟实验报告,将实验内容中的实验步骤和数据表格自行组织成实验报告

三、实验原理

逻辑电路的状态变化总是跳变的,按照电子器件的属性,逻辑信号都有 2 个电平不同的阈值,电平较高的阈值称为逻辑高电平,电平较低的阈值称为逻辑低电平。高于逻辑高电平就进入一种逻辑状态,低于逻辑低电平,就进入另一种逻辑状态。通常规定,1 表示高于逻辑高电平的信号,0 表示低于逻辑低电平的信号,这种规定叫作"正逻辑"。反之,0 表示高于逻辑高电平的信号,1 表示低于逻辑低电平的信号,这种规定叫作"负逻辑"。一般情况下,我们都使用正逻辑。如表 1-1 列出了不同的集成电路工艺定义的逻辑电平。

表 1-1　不同工艺逻辑电路定义的逻辑电平

工艺	逻辑电平	
	L	H
TTL	0V～0.40V	3.0V～5.0V
CMOS	0V～0.80V	2.0V～5.0V

　　逻辑分析与判断可以用逻辑代数（又叫作布尔代数）的运算来体现,逻辑代数的运算称为逻辑运算。

　　逻辑代数定义了 3 种基本运算:与运算（逻辑积）,或运算（逻辑和）以及非运算（逻辑非）。

　　另外,同或和异或是 2 个常用的简单组合逻辑运算。

　　同或的定义可以用式子 $A \odot B = A \cdot B + \overline{A} \cdot \overline{B}$ 表示。

　　异或的定义可以用式子 $A \oplus B = A \cdot \overline{B} + \overline{A} \cdot B$ 表示。

　　能够实现与逻辑关系的逻辑电路称为与门,图 1.1 所示是与门的电路符号,表 1-2 所示是与门的真值表。与门的逻辑表达式为 $F = A \cdot B$。

表 1-2　与门真值表

A	B	F
0	0	0
0	1	0
1	0	0
1	1	1

图 1.1　与门

　　能够实现或逻辑关系的逻辑电路称为或门,图 1.2 所示是或门的电路符号,表 1-3 所示是或门的真值表。或门的逻辑表达式为 $F = A + B$。

表 1-3　或门真值表

A	B	F
0	0	0
0	1	1
1	0	1
1	1	1

图 1.2　或门

　　能够实现非逻辑关系的逻辑电路称为非门,图 1.3 所示是非门的电路符号,表 1-4 所示是非门的真值表。非门的逻辑表达式为 $F = \overline{A}$。

图 1.3　非门

表 1-4　非门真值表

A	F
0	1
1	0

把 3 种基本逻辑门经过适当的串联后，又可以组成几种常用的复合逻辑门。其中主要有与非门和或非门 2 种。

图 1.4 所示是与非门电路符号，表 1-5 所示是与非门的真值表。

图 1.4　与非门

表 1-5　与非门真值表

A	B	F
0	0	1
0	1	1
1	0	1
1	1	0

图 1.5 所示是或非门电路符号，表 1-6 所示是或非门的真值表。

图 1.5　或非门

表 1-6　或非门真值表

A	B	F
0	0	1
0	1	0
1	0	0
1	1	0

由于同或和异或比较常用，所以也有通用的门电路。

图 1.6 所示是同或门的电路符号，表 1-7 所示是同或门的真值表。同或的逻辑表达式为 $F = A \odot B$。

表 1-7　同或门真值表

A	B	F
0	0	1
0	1	0
1	0	0
1	1	1

图 1.6　同或门

图 1.7 所示是异或门的电路符号,表 1-8 所示是异或门的真值表。异或的逻辑表达式为 $F = A \oplus B$。

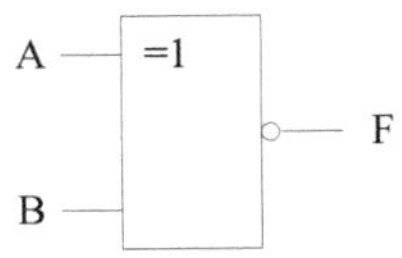

表 1-8 异或门真值表

A	B	F
0	0	0
0	1	1
1	0	1
1	1	0

图 1.7 异或门

四、实验仪器设备及材料

1. 数字电路实验箱
2. 2 片 74LS00、1 片 74LS20、1 片 74LS86

五、实验内容及方法

实验前先检查数字电路实验箱电源是否正常。然后选择实验用的集成电路,练习集成电路的插拔方法。练习实验箱接线方法,按自己设计的实验接线图连线,特别注意 VCC 及地线不能接错。线接好后经实验指导教师检查无误后方可通电实验。实验中改动接线必须先断开电源,全部接好线后再通电实验。

与非门不用的输入端允许悬空(但最好接高电平),不能接低电平。与非门的输出端不允许直接接电源电压或地,也不能并联使用。

本次实验共分 3 个部分,分别如下:

1. 测试与非门逻辑功能

选用双四输入与非门 74LS20 一只,插入 14 脚 IC 插座,如图 1.8 所示接线,输入端接 K1~K4(电平开关输出插口),输出端接电平显示发光二极管 L1。(电平开关和电平显示二极管的高低电平说明参见附录 A。)将电平开关按表 1-9 所示置位,分别测出输出的逻辑状态及电压值。

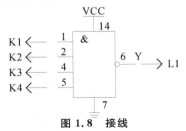

图 1.8 接线

表 1-9 电平开关置位

输 入				输 出
K1	K2	K3	K4	L1
H	H	H	H	
L	H	H	H	
L	L	H	H	
L	L	L	H	
L	L	L	L	

说明是否和理论值相符？_____

2. 测试异或门逻辑功能

选用二输入四异或门 74LS86,如图 1.9 所示接线,输入端 1 接电平开关 K1,输入端 2 接 K2,输入端 4 接 K3,输入端 5 接 K4。输出端 A 接电平显示二极管 L1,输出端 B 接 L2,输出端 Y 接 L3。将电平开关按表 1-10 所示置位,分别测出输出 A,B,Y 的逻辑状态。

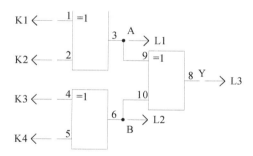

图 1.9 接线

表 1-10 电平开关置位

输 入		输 出		
K1,K2	K3,K4	A(L1)	B(L2)	Y(L3)
L,L	L,L			
H,L	L,L			
H,H	L,L			
H,H	H,L			
H,H	H,H			
L,H	L,H			

说明是否和理论值相符？_____

3. 测试简单逻辑电路的逻辑关系

选用 74LS00，如图 1.10 所示接线，将输入输出逻辑关系分别填入表 1-11 所示。

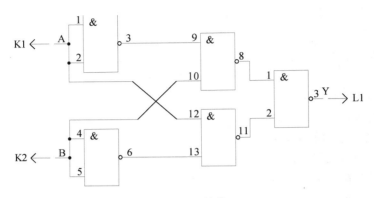

图 1.10　接线

表 1-11　逻辑关系

输　　入		输　　出
A(K1)	B(K2)	Y(L1)
L	L	
L	H	
H	L	
H	H	

写出电路图 1.10 的逻辑表达式。_____

说明是否和理论值相符？_____

六、实验报告

1. 根据 3 个实验内容，学会自行组织记录实验步骤、逻辑图、逻辑表达式和实验结果图表，使它们有机地组成实验报告。

2. 最后做出总结，实验的结果是否符合逻辑设计的结果。如有不符合的地方，请注明，并分析原因。

七、思考题

如何利用与非门组成其他门电路。

（1）用 1 片二输入端四与非门组成或非门 $Y = \overline{A+B} = \overline{A} \cdot \overline{B} = \overline{\overline{\overline{A} \cdot \overline{B}}}$。试画出逻辑电路图。

（2）将二输入端异或门表达式转化为二输入端与非门表达式，并画出逻辑电路图。

实验二 组合逻辑运算(半加器与全加器)

一、实验目的

1. 掌握组合逻辑电路的功能测试
2. 验证半加器和全加器的逻辑功能
3. 学会二进制数的运算规律

二、实验预习要求

1. 预习用与非门和异或门构成的半加器和全加器的工作原理
2. 预习二进制数的算术运算

三、实验原理

我们一般关注自然界中的 2 类电信号:一类电信号的特征是幅度和时间都是连续变化的,比如正弦信号,利用信号幅度的大小来反映信息,这种信号称为模拟信号;而另一种电信号在幅度和时间上都是离散的,利用信号的有无来反映信息,这种信号称为数字信号。一般情况下,数字信号是模拟信号经过 A/D 转换后得到的,数字信号一般用 0 和 1 组成的二进制数表示。相对于模拟信号,数字信号在传输和处理中都有较好的抗干扰性,得到了广泛的应用。通过基本逻辑运算实现数字信号的二进制算术运算,进而实现了数字信号的处理。

2 个 1 位二进制正数之和可以表示为 2 位二进制数,低位数 F 称为本表位和,高位数 CO 称为进位数,则 2 个 1 位二进制数的和可以用半加器的真值如表 2-1 所示。

表 2-1　半加器的真值表

输　　入		输　　出	
A	B	F	CO
0	0	0	0
0	1	1	0
1	0	1	0
1	1	0	1

由此可以得到半加器的逻辑表达式 $A + B = (CO, F)$ 其中 $\begin{cases} CO = A \cdot B \\ F = A \oplus B \end{cases}$。

用异或门和与门就能够实现 1 位二进制数的和。这种没有考虑低位进位的加法叫半加器。

在多位二进制数相加时，除最低位外，每 1 位都是 2 个加数和低位的进位数 CI 共 3 个数相加，这组成了完整的加法运算，称为全加器。

表 2-2　全加器的真值表

输　　入			输　　出	
A	B	CI	F	CO
0	0	0	0	0
0	0	1	1	0
0	1	0	1	0
0	1	1	0	1
1	0	0	1	0
1	0	1	0	1
1	1	0	0	1
1	1	1	1	1

四、实验仪器设备及材料

1. 数字电路实验箱
2. 3 片 74LS00、1 片 74LS86（管脚说明参见附录 C）

五、实验内容及方法

1. 测试用异或门(74LS86)和与非门组成的半加器的逻辑功能

根据半加器的逻辑表达式,半加器 F 是 A、B 的异或,而进位 CO 是 A、B 的与,故半加器可以用一个集成异或门和两个与非门组成,如图 2.1 所示。

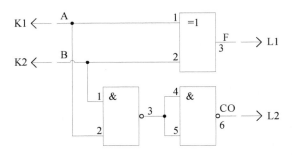

图 2.1   用与非门和异或门实现的半加器逻辑电路图

在实验箱上选用 1 片 74LS00 和 1 片 74LS86,接成图 2.1 的逻辑电路,A、B 分别接电平开关 K1、K2,F 接电平显示二极管 L1,CO 接电平显示二极管 L2。如表 2-3 所示改变 A、B 状态,记录输出的结果。

表 2-3

输　　入		输　　出	
A(K1)	B(K2)	F(L1)	CO(L2)
0	0		
0	1		
1	0		
1	1		

说明是否和理论值相符? _____

2. 测试全加器的逻辑功能

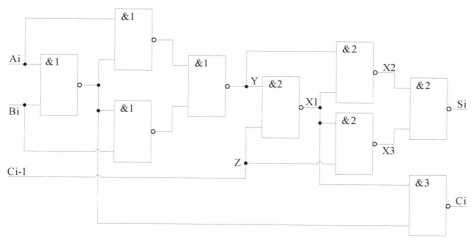

图 2.2

(1)写出图 2.2 所示的电路的逻辑表达式:

Y   = _____

Z   = _____

X1 = _____

X2 = _____

X3 = _____

Si = _____

Ci = _____

(2)根据 Si、Ci 的逻辑表达式列出真值表。

输　　入			输　　出	
Ai	Bi	Ci-1	Si	Ci
0	0	0		
0	0	1		
0	1	0		
0	1	1		
1	0	0		
1	0	1		
1	1	0		
1	1	1		

（3）根据真值表画出逻辑函数 Si、Ci 的卡诺图。

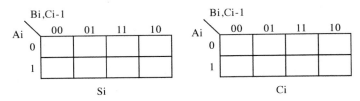

（4）接线并测试填写如表 2-4 所示各点状态。

表 2-4

输　入			中间值					输　出	
Ai	Bi	Ci-1	Y	Z	X1	X2	X3	Si	Ci
0	0	0							
0	0	1							
0	1	0							
0	1	1							
1	0	0							
1	0	1							
1	1	0							
1	1	1							

说明是否是一个全加器？ _____

六、实验报告

（1）整理实验数据、图表并对实验结果进行讨论分析。

（2）从半加器和全加器的实现中，总结逻辑运算是如何演变成二进制算术运算的。

七、思考题

（1）本次实验和实验一不同的是，实验一都是用逻辑高电平和低电平表示一个逻辑状态，而本次实验中都是用二进制数字 0 和 1 表示逻辑状态，当然目前都是基于正逻辑的假设前提下的。试举例说明在负逻辑情况下，实验的结果会有怎样的改变。

实验三　组合逻辑电路分析和设计

一、实验目的

1. 掌握组合逻辑电路的分析方法与测试方法
2. 掌握组合逻辑电路的设计方法

二、实验预习要求

1. 熟悉门电路工作原理及相应的逻辑表达式
2. 熟悉数字集成块的引线位置及引线用途
3. 预习组合逻辑电路的分析与设计步骤

三、实验原理

数字电路是用来加工和处理数字信号的电路,一般地,数字电路如图 3.1 所示来描述。

X1		Z1
X2		Z2
⋮	数字电路	⋮
Xn-1		Zn-1
Xn		Zn

图 3.1　数字电路框图

图 3.1 中 $X1, X2, \cdots, Xn$ 和 $Z1, Z2, \cdots, Zn$ 是数字电路中的逻辑变量,通常逻辑电路可分为组合逻辑电路和时序逻辑电路两大类。电路在任何时刻,输出状态只决定于同一时刻各输入状态的组合,而与先前的状态无关的逻辑电路称为组合逻辑电路。

1. 组合逻辑电路的分析过程，一般分为如下 3 步进行

（1）由逻辑图写出输出端的逻辑表达式；

（2）列出真值表；

（3）根据对真值表进行分析，确定电路功能。

2. 组合逻辑电路一般设计的过程如图 3.2 所示

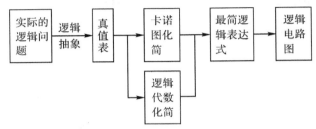

图 3.2　组合逻辑电路设计方框图

设计过程中，"最简"是指电路所用器件最少，器件的种类最少，而且器件之间的连线也最少。

四、实验仪器设备及材料

1. 数字电路实验箱

2. 常用逻辑器件若干

五、实验内容及方法

用与非门设计一个表决电路，当 4 个输入端中有 3 个或 4 个 1 时输出为 1。

步骤：

（1）写出真值表。

输　　入				输　　出
A	B	C	D	Y
0	0	0	0	
0	0	0	1	
0	0	1	0	
0	0	1	1	
0	1	0	0	
0	1	0	1	

续表

输 入				输 出
A	B	C	D	Y
0	1	1	0	
0	1	1	1	
1	0	0	0	
1	0	0	1	
1	0	1	0	
1	0	1	1	
1	1	0	0	
1	1	0	1	
1	1	1	0	
1	1	1	1	

(2)用卡诺图化简。

BC\DA	00	01	11	10
00				
01				
11				
10				

(3)写出逻辑表达式。

Y=_____

(4)用与非门构成逻辑电路图。

(5)用 74LS00 搭建电路图,并检验是否满足设计要求。

六、实验报告

(1)将 1 个设计组合逻辑电路的过程记录下来。

(2)总结组合逻辑电路设计的方法。

七、思考题

(1)简述怎样利用禁止状态化简逻辑表达式及其原因。

(2)请举出 2 个卡诺图化简逻辑函数方法的理论依据。

实验四　触发器及时序电路分析测试和设计

一、实验目的

1. 熟悉并掌握 RS、D、JK 触发器的构成,工作原理和功能测试方法
2. 理解触发器的 2 种触发方式(电平触发和边沿触发方式)的触发特点
3. 学会正确使用触发器集成芯片
4. 掌握常用时序电路分析、测试和设计方法

二、实验预习要求

1. 预习触发器的相关内容
2. 熟悉触发器功能测试表格
3. 复习反馈电路分析和设计方法
4. 复习计数器工作原理

三、实验原理

数字电路分成组合逻辑电路和时序逻辑电路 2 种,输出只与当前输入有关的电路称为组合电路;输出不仅和输入有关,同时也和以前电路的状态有关的电路称为时序电路。

触发器是一个具有记忆功能的二进制信息存储器件,是构成多种时序电路的最基本逻辑单元。触发器具有 2 个稳定状态,即 0 和 1,在一定的外界信号作用下,可以从一个稳定状态翻转到另一个稳定状态。

触发器的结构主要有主从、维阻、边沿等 3 种。按功能可分为 RS、D、JK、T 和 T' 等触发器;按触发方式有边沿触发和电平触发 2 种触发器。

1. 基本 RS 触发器

图 4.1 为由 2 个与非门交叉耦合构成的基本 RS 触发器。基本 RS 触发器具有

置 0、置 1 和保持 3 种功能。当 R＝1,S＝0 时触发器置 1,通常称为置 1 端(S 端);当 R＝0,S＝1 时触发器置 0,通常称为置 0 端(R 端)。当 R 端和 S 端都为 1 时状态保持。基本 RS 触发器为低电平触发器。基本 RS 触发器也可以用 2 个或非门组成,此时为高电平触发器。

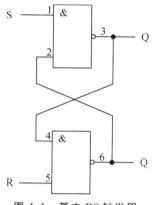

图 4.1　基本 RS 触发器

2. D 触发器

如图 4.2 所示,D 触发器的基本结构形式多为维阻型,其状态的更新发生在 CP 脉冲的上升沿,故又称之为上升沿触发器的边沿触发器,74LS74,74LS175 等均为上升沿触发 D 触发器。触发器的状态只取决于时钟到来前 D 端的状态。D 触发器的状态方程为:$Q(n+1)=D(n)$。它具有置 0,置 1 共 2 种功能,由于在 CP＝1 期间,电路具有维持阻塞作用,所以在 CP＝1 期间,D 端的状态变化不会影响触发器的输出状态。

$\overline{R}$ 和 $\overline{S}$ 分别是决定触发器初始状态的直接置 0,置 1 端,当不要强迫置 0,置 1 时,$\overline{R}$ 和 $\overline{S}$ 端都应置高电平(如接＋5V 电源)。

D 触发器应用很广,可用作数字信号的寄存、移位寄存、分频和波形发生器等,其逻辑符号如图 4.2 所示。

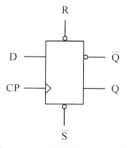

图 4.2　D 触发器逻辑符号

3. JK 触发器

本实验中采用的 74LS112 为下降沿触发的边沿触发器,如图 4.3 所示,触发器的状态方程为 $Q(n+1)=J \cdot \overline{Q(n)}+\overline{K} \cdot Q(n)$。具有置 0、置 1、保持和翻转 4 种功能。$\overline{R}$ 和 $\overline{S}$ 仍为直接置 0,置 1 端。

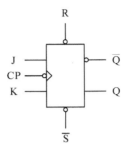

图 4.3　JK 触发器的逻辑符号

4. 触发器的相互转换

在集成触发器的产品中,每一种触发器都有自己固定的逻辑功能。但可以利用转换的方法获得具有其他功能的触发器。例如将 JK 触发器转换成 D 触发器、T 触发器,其转换电路如图 4.4 所示。

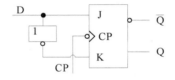

(a)JK触发器转换成D触发器　　　　　(b)JK触发器转换成T触发器

图 4.4　JK 触发器转换成 D、T 触发器

5. 四位异步二进制加法计数器

计数器是典型的时序逻辑电路,它用来累计和记忆输入脉冲的个数。计数是数字系统中很重要的基本操作,集成计数器是应用最广泛的逻辑部件之一。

计数器种类较多,按构成计数器中的多触发器是否使用一个时钟脉冲源来分,有同步计数器和异步计数器;根据计数制的不同,分为二进制计数器、十进制计数器和任意进制计数器;根据计数的增减趋势,又分为加法、减法和可逆计数器;还有可预置数和可编程序功能计数器等。

用 D 触发器构成异步二进制加/减计数器如图 4.5 所示,是用 4 只 D 触发器构成 4 位二进制异步加法计数器,其连接特点是将 D 触发器接成 T 触发器,再由低位触发器的 $\overline{Q}$ 端和高一位的 CP 端相连。

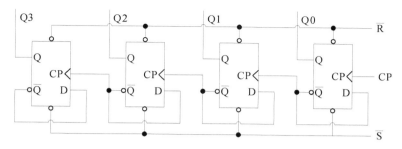

图 4.5   四位二进制异步加法计数器

如果将图 4.5 中的 Q 端与高一位的 CP 端相连,即可构成减法计数器。

四、实验仪器设备及材料

1. 数字电路实验箱,示波器
2. 1 片 74LS00,1 片 74LS74(参见附录 C)

五、实验内容及方法

1. 基本 RS 触发器功能测试

选用 74LS00,用 2 个与非门如图 4.1 所示直接构成基本 RS 电路,如表 4-1 所示输入。

表 4-1

输　　入		输　　出		逻辑功能
R	S	Q	$\overline{Q}$	
0	0			
0	1			
1	0			
1	1			

2. 异步二进制计数器

选用 74LS74,如图 4.5 接线。

(1)由 CP 端输入单脉冲,测试并记录 Q0～Q3 端状态及波形。

(2)列出状态转移表,画出状态转移图。

(3)试将异步二进制加法计数器改为减法计数器,参考加法计数器,实验并记录状态、波形,列出转移表,画出转移图。

实验五　应用 Quartus Ⅱ 完成基本组合电路设计

一、实验目的

1. 熟悉 Quartus Ⅱ 的 VHDL 文本设计流程全过程
2. 学习简单组合电路的设计、多层次电路设计、仿真和硬件测试

二、实验预习要求

1. 复习 Quartus Ⅱ 的组合电路设计、测试和仿真的操作方法
2. 复习 VHDL 基本语言要素

三、实验原理

现在电子设计技术的核心已转向基于计算机的电子设计自动化技术，即 EDA（Electronic Design Automation）。采用 EDA 技术进行电子系统设计，最后实现的目标有：全定制或半定制 ASIC（Application Specific Integrated Circuit）；FPGA（Field-Programmable Gate Array）/CPLD（Complex Programmable Logic Device）；PCB（印制电路板）。硬件描述语言是 EDA 技术的重要组成部分，常见的主要有 VHDL、Verilog HDL、ABEL、AHDL、System Verilog 和 System C。其中 VHDL 和 Verilog HDL 使用最多。

VHDL 的英文全名是 VHSIC（Very-High-Speed Integrated Circuit）Hardware Description Language，历经 IEEE 标准 1076—1987，IEEE 标准 1076—1993，IEEE 标准 1076—2000，最新的版本是 IEEE 标准 1076—2002。VHDL 具有与具体硬件电路无关和与设计平台无关的特性。

基于 EDA 软件的 FPGA 开发需要完成设计输入、综合、布线布局（适配）、仿真以及下载和硬件测试等步骤。

CPLD 和 FPGA 的分类主要是根据结构特点和工作原理进行。以乘积项方式

构成逻辑行为的器件称为 CPLD,如 Lattice 的 ispLSI 系列、Xilinx 的 XC9500 系列、Altera 的 MAX7000 系列和 Lattice 的 Mach 系列等;以查表法结构方式构成逻辑行为的器件称为 FPGA,如 Xilinx 的 SPARTAN 系列、Altera 的 FLEX10K、ACEX1K 和 Cyclone 系列等。课程所用器材的 FPGA 为 Altera 的 Cyclone 系列。

EDA 开发工具 Quartus Ⅱ 是 Altera 公司提供的 FPGA/CPLD 开发集成环境,Altera 是世界上最大的可编程逻辑器件供应商之一。Quartus Ⅱ 是 Altera 公司前一代 FPGA/CPLD 集成开发环境 Maxplus Ⅱ 的更新换代产品。Quartus Ⅱ 设计工具完全支持 VHDL、Verilog HDL 的设计流程,其内部嵌有 VHDL、Verilog HDL 逻辑综合器,并具有仿真功能。Quartus Ⅱ 包括模块化的编译器,编译器包括的功能模块有分析/综合器(Analysis & Synthesis)、适配器(Fitter)、装配器(Assembler)、时序分析器(Timing Analyzer)、设计辅助模块(Design Assistant)、EDA 网表文件生成器(EDA Netlist Writer)、编辑数据接口(Compiler Database Interface)等,可以通过选择 Start Compilation 来运行所有的编译器模块,也可以通过选择 Start 单独运行各个模块。

VHDL 组合电路描述:

VHDL 描述由 2 大部分组成:(1)以关键词 ENTITY 和 END ENTITY 引导的,称为实体,VDHL 实体描述了电路器件的外部情况及各信号端口的基本性质,如信号流动的方向,流动在其上的数据类型等;(2)以关键词 ARCHITECTURE 和 END ARCHITECTURE 引导的称为结构体,结构体负责描述电路器件的内部逻辑功能和电路结构。在编译中,关键词不区分大小写。

四、实验仪器设备及材料
1. EDA 实验箱
2. PC 机、Quartus Ⅱ 软件

五、实验内容及方法
1. 利用 Quartus Ⅱ 完成 2 选 1 多路选择器
第一步:在资源管理建立文件夹如 D:\MUX21

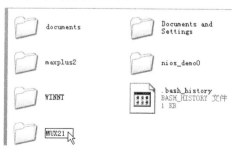

第二步:打开 Quartus Ⅱ 软件,新建文本编辑窗口

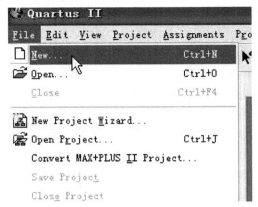

第三步:选择 VHDL FILE

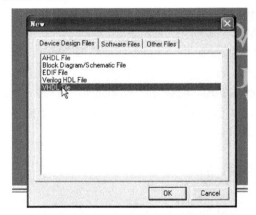

第四步:输入文本文件

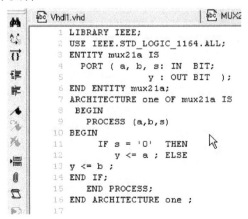

第五步:保存文件,注意保存的文件名要和文本的实体名一致

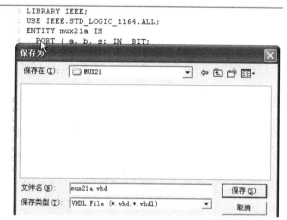

第六步:加入工程

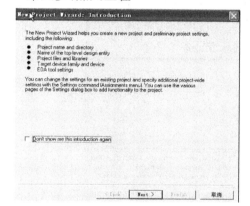

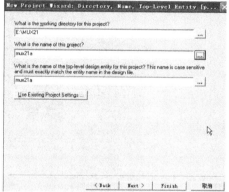

第七步:选择芯片 Cyclone EP1C6Q240C8

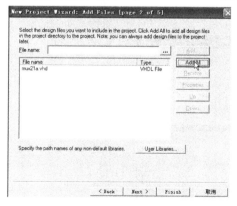

第八步:开始编译

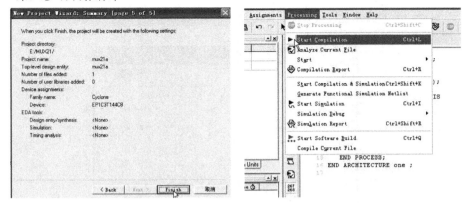

编译成功

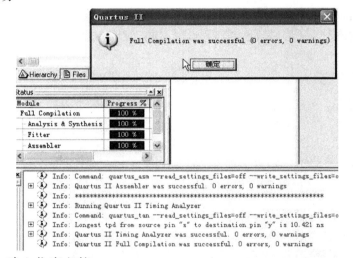

第九步:建立仿真文件

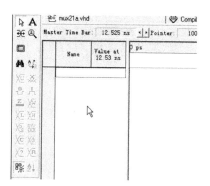

在空白处双击鼠标左键

选择 Node Finder

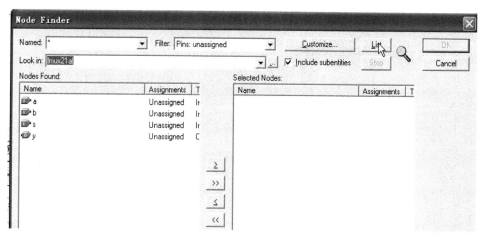

点击"List"

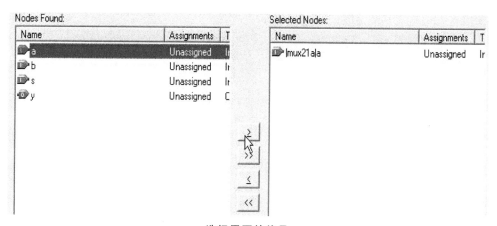

选择需要的信号

设置仿真结束时间为 100 微秒

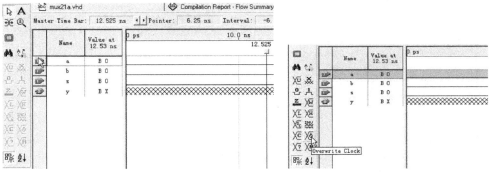

选择 A 输入端口，单击"Overwriter Clock"按钮

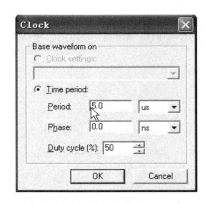

选择 A 输入端口周期为 5 微秒   选择 B 输入端口周期为 10 微秒

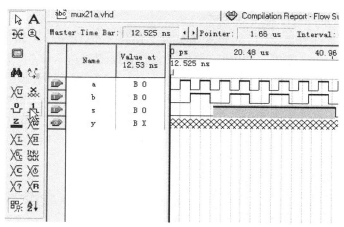

设置"S"的信号，先用鼠标按住左键拖一节变成蓝色，再点击左边置高电平按钮，使所拖的一节变高电平后保存

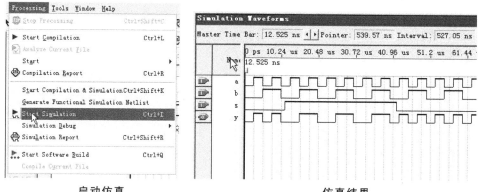

启动仿真　　　　　　　　　　　仿真结果

2．2 选 1 多路选择器程序

ENTITY mux21a IS

PORT（a，b，s：IN BIT；y：OUT BIT）；

END ENTITY mux21a；

ARCHITECTURE one OF mux21a IS

BEGIN

PROCESS（a，b，s）

BEGIN

IF s = ' 0 ' THEN y <= a；ELSE y <= b；

END IF；

END PROCESS；

END ARCHITECTURE one；

3. 引脚锁定以及硬件下载测试

若选择目标器件是 EP1C6，建议选实验电路模式 5（附录 B），用键 1（PIO0，引脚号为 1）控制 S0；用键 2（PIO1，引脚号为 2）控制 S1；A3、A2 和 A1 分别接 CLOCK5（引脚号为 16）、CLOCK0（引脚号为 93）和 CLOCK2（引脚号为 17）；输出信号 OUT 仍接扬声器 SPEAKER（引脚号为 129）。通过短路帽选择 CLOCK0 接 256Hz 信号，CLOCK5 接 1 024Hz 信号，CLOCK2 接 8Hz 信号，最后进行编译、下载和硬件测试实验（通过选择键 1、键 2，控制 S0、S1，可使扬声器输出不同音调）。

六、实验报告

(1)根据以上的实验内容写出实验报告，包括程序设计、软件编译、仿真分析、硬件测试和详细实验过程。

(2)给出程序分析报告、仿真波形图及其分析报告。

实验六　应用 Quartus II 完成基本时序电路设计

一、实验目的

1. 熟悉 Quartus II 的 VHDL 文本设计流程全过程
2. 学习简单时序电路的设计、多层次电路设计、仿真和硬件测试

二、实验预习要求

1. 复习 Quartus II 的时序电路设计、测试和仿真的操作方法
2. 复习 VHDL 基本语言要素

三、实验原理

Quartus II 的设计流程,如图 6.1 所示:

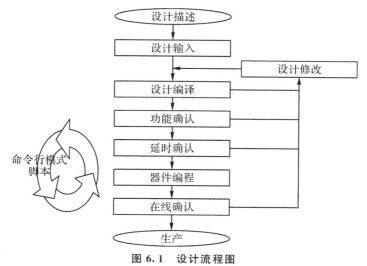

图 6.1　设计流程图

Quartus Ⅱ的编辑,如图 6.2 所示。

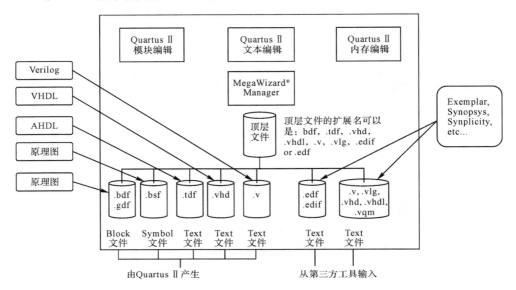

图 6.2　文件说明图

在时序电路的描述上,VHDL 主要通过对时序器件功能和逻辑行为的描述,而非结构上的描述,使得计算机综合处理符合要求的时序电路,所以时序电路和组合电路在结构没有什么区别,充分体现了 VHDL 电路描述与设计平台和硬件实现对象无关的优秀特点。

时序描述 VHDL 规则:

(1)标准逻辑位数据类型 STD_LOGIC:STD_LOGIC 定义了 9 种数据,分别是“U”表示未初始化、“X”表示强未知的、“0”表示强逻辑 0、“1”表示强逻辑 1、“Z”表示高阻态、“W”表示弱未知、“L”表示弱逻辑 0、“H”表示弱逻辑 1、“一”表示忽略。它们完整地概括了数字系统中所有可能的数据表现形式;

(2)设计库和标准程序包:预先存放许多数据类型的说明及类似的函数。如LIBRARY STD 表示打开 STD 库,USE STD. STANDARD. ALL 表示允许使用STD 库中 STANDARD 程序包中的所有内容,如类型定义、函数、过程和常量等;

(3)信号定义和数据对象:信号定义使用 SIGNAL 关键词,定义信号的目的是为了在设计更大的电路时使用这些信号,这是一种常用的时序电路设计方式。数据对象类似于一种容器,它接受不同数据类型的赋值,数据对象有 3 类,即信号(SIGNAL)、变量(VARIABLE)和常量(CONSTANT)。在 VHDL 中,被定义的标识符必须确定为某类数据对象,同时还必须被定义为某种数据类型,比如 SIGNAL

Q1：STD_LOGIC，其中 SIGNAL 是定义数据对象，STD_LOGIC 是定义数据类型；

（4）上升沿检测表达式和信号属性函数 EVENT，如：'CLK'EVENT AND CLK='1'是用于检测时钟信号 CLK 的上升沿，即如果检测到 CLK 的上升沿，此表达式将输出 TRUE。短语'CLK' EVENT 就是对 CLOCK 标示的信号在当前的一个极小的时间段 δ 内发生事件的情况进行检测；

（5）如果在 IF 条件语句中，没有将所有可能发生的条件给出对应的处理方式，这种语句称为不完整条件语句。不完整条件语句往往需要寄存信号的值，这样就必须引入时序元件来保存信号的原值，直到满足 IF 条件语句的判断条件才能够更新信号的值。通常，完整的条件语句只能构成组合逻辑电路，引入时序电路结构的必要条件和关键所在并非是边沿检测，而是不完整的任何形式的条件语句的出现，且不局限于 IF 语句。

四、实验仪器设备及材料

1. EDA 实验箱
2. PC 机、Quartus II 软件

五、实验内容及方法

（1）根据实验的步骤和要求，设计触发器，给出程序设计、软件编译、仿真分析、硬件测试及详细实验过程。

```
LIBRARY IEEE；
USE IEEE.STD_LOGIC_1164.ALL；
ENTITY DFF1 IS
PORT (CLK：IN STD_LOGIC；D：IN STD_LOGIC；Q ：OUT STD_LOGIC)；
END；
ARCHITECTURE bhv OF DFF1 IS
SIGNAL Q1 ：STD_LOGIC；－－类似于在芯片内部定义一个数据的暂存节点
BEGIN
PROCESS（CLK，Q1）
BEGIN
IF CLK ' EVENT AND CLK ＝ ' 1 ' THEN Q1 <＝ D；－－ 边沿触发
END IF；
END PROCESS；
Q <＝ Q1；－－将内部的暂存数据向端口输出（双横线－－是注释符号）
END bhv；
```

注意：选择仿真时长为100毫秒，CLK选择周期为2毫秒的信号，仿真结果如图6.3所示。

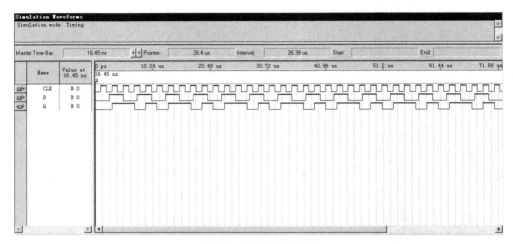

图6.3　触发器时序图

（2）设计锁存器，同样给出程序设计、软件编译、仿真分析、硬件测试及详细实验过程。

```
LIBRARY IEEE；
USE IEEE.STD_LOGIC_1164.ALL；
ENTITY DFF2 IS
PORT（CLK：IN STD_LOGIC；D：IN STD_LOGIC；Q ：OUT STD_LOGIC）；
END；
ARCHITECTURE bhv OF DFF2 IS
BEGIN
PROCESS（CLK，D）BEGIN
IF CLK ＝ '1'－－电平触发型寄存器
THEN Q ＜＝ D；
END IF；
END PROCESS；
END bhv；
```

注意：选择仿真时长为100毫秒，CLK选择周期为2毫秒的信号，仿真结果如图6.4所示。

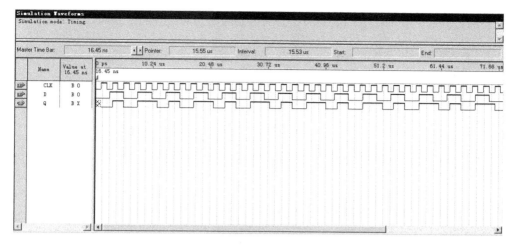

图 6.4　链存器时序图

六、实验报告

（1）根据以上的实验内容写出实验报告，包括程序设计、软件编译、仿真分析、硬件测试和详细实验过程。

（2）给出程序分析报告、仿真波形图及其分析报告。

（3）比较电平触发和边沿触发这 2 种不同触发方式的不同之处。

实验七　设计含异步清零和同步时钟使能的加法计数器

一、实验目的

1. 学习计数器的设计、仿真和硬件测试,进一步熟悉 VHDL 设计技术
2. 学习简单加法计数器电路的设计、多层次电路设计、仿真和硬件测试

二、实验预习要求

1. 复习 Quartus Ⅱ 的加法计数器电路设计、测试和仿真的操作方法
2. 复习 VHDL 基本语言要素

三、实验原理

1. 加法计数器源程序

```
LIBRARY IEEE;
USE IEEE.STD_LOGIC_1164.ALL;
USE IEEE.STD_LOGIC_UNSIGNED.ALL;
ENTITY CNT10 IS
PORT (CLK, RST, EN: IN STD_LOGIC;
    CQ: OUT STD_LOGIC_VECTOR(3 DOWNTO 0);
    COUT: OUT STD_LOGIC);
END CNT10;
ARCHITECTURE behav OF CNT10 IS
BEGIN
PROCESS(CLK, RST, EN)
VARIABLE CQI: STD_LOGIC_VECTOR(3 DOWNTO 0);
BEGIN
```

IF RST＝'1'THEN CQI：＝（OTHERS＝>'0'）；——计数器异步复位

ELSIF CLK'EVENT AND CLK＝'1'THEN ——检测时钟上升沿

IF EN＝'1'THEN ——检测是否允许计数(同步使能)

IF CQI＜9 THEN CQI：＝CQI＋1；——允许计数,检测是否小于9

ELSE CQI：＝（OTHERS＝>'0'）；——大于9,计数值清零

END IF；

END IF；

END IF；

IF CQI＝9 THEN COUT＜＝'1'；——计数大于9,输出进位信号

ELSE COUT＜＝'0'；

END IF；

CQ＜＝CQI；——将计数值向端口输出

END PROCESS；

END behav；

注意：选择仿真时长为 100 毫秒,CLK 选择周期为 2 毫秒的信号,仿真结果如图 7.1 所示。

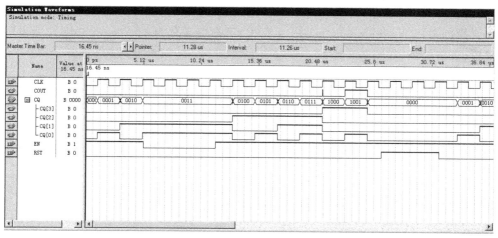

图 7.1　仿真图

2. 引脚锁定

为了能对此计数器进行硬件测试,应将其输入输出信号锁定在芯片确定的引脚上,编译后下载。当硬件测试完成后,还必须对配置芯片进行编程,完成 FPGA 的最终开发。

选择电路模式 5,确定引脚分别为：主频时钟 CLK 接 CLOCK0(第 28 脚,可接

在 4Hz 上);计数使能 EN 接电路模式 5 的键 1(PIO0 对应第 233 脚);复位 RST 接电路模式 5 的键 2(PIO1 对应第 234 脚,注意键序与引脚号码并无对应关系);溢出 COUT 接发光管 D1(PIO8 对应第 1 脚);4 位输出数据总线 CQ[3…0]分别接 PIO19、PIO18、PIO17、PIO16(它们对应的引脚编号分别为 16、15、14、13),可由数码 1 来显示,如表 7-1 所示。

表 7-1

信　号	引　脚　号
CLK	PIN_28
EN	PIN_233
RST	PIN_234
COUT	PIN_1
CQ[0]	PIN_13
CQ[1]	PIN_14
CQ[2]	PIN_15
CQ[3]	PIN_16

通过选择 Assignments－＞Pins 菜单,可以配置信号的 Location,配置完引脚号后,重新编译,如图 7.2 所示。

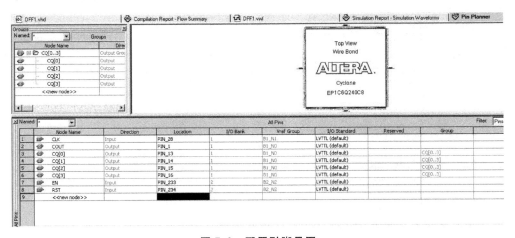

图 7.2　配置引脚号图

3. 编程下载

将编译产生的 SOF 格式配置文件配置进 FPGA 中。进行硬件测试的步骤如下:

(1)通过菜单 Tools—＞Programmer,打开编程窗和配置文件,在 Mode 下拉列表框中有 4 种编程模式可以选择:JTAG、Passive Serial、Active Serial Programming 和 In-Socket Programming。为了直接对 FPGA 进行配置,在编程窗口的编程模式 Mode 中选择 JTAG(默认),并选中下载文件右侧的第一个小方框;

(2)设置编程器,选择 ByteBlaster MV[LPT1],单击 Hardware Setup 按钮可设置下载接口方式,在弹出的 Hardware Setup 对话框中,选择 Hardware Settings 选项卡,再单击此选项卡中的选项 ByteBlasterMV;

(3)选择编程器,如果 JP5 跳线选择 Others,则当进入 Quartus Ⅱ,打开 Programmer 窗口后,将显示 ByteBlasterMV[LPT1];若对 JP5 跳线选择 ByBt Ⅱ,则当进入菜单 Tool,打开 Programmer 窗口后,将显示 ByteBlaster Ⅱ[LPT1]。单击 Start 按钮,即进入对目标器件 FPGA 的配置下载操作。当 Progress 显示出 100%,以及在底部的处理栏中出现 Configuration Succeeded 时,表示编程成功;

(4)硬件测试,下载 CNT10.sof 后,选择电路模式 5,CLK 通过实验箱上 CLOCK0 的跳线选择频率为 4Hz,键 1 置高电平,控制 EN 允许计数;键 2 先置高电平,后置低电平,使 RST 产生复位信号,如图 7.3 所示。

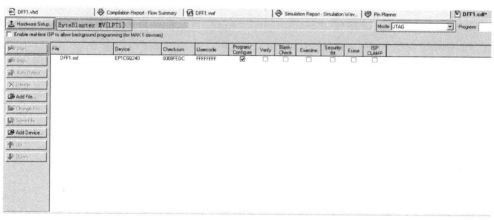

图 7.3

4. AS 模式编程

为了使 FPGA 在上电启动后仍然保持原有的配置文件,并能正常工作,必须将配置文件烧写进专用的配置芯片 EPCSx 中,EPCSx 是 Cyclone 系列器件的专用配置器件,Flash 存储结构,编程周期为 10 万次。编程模式为 Active Serial(AS)模式,编程接口为 ByteBlaster Ⅱ 或 USB-Blaster。编程方法是在 Programmer 窗口中的 Mode 下拉列表中选择 Active Serial Programming 编程模式,打开编程文件,选中文件 CNT10.pof,并选中 3 个编程操作项目。

5. 嵌入式逻辑分析仪

随着逻辑设计复杂性的不断增加,仅依赖于软件方式的仿真测试来了解设计系统的硬件功能已远远不够了,而需要重复进行硬件系统的测试也变得更为困难。为了解决这些问题,设计者可以将一种高效的硬件测试手段和传统的系统测试方法相结合来完成,这就是嵌入式逻辑分析仪的使用,它可以随设计文件一并下载到目标芯片中,用以捕捉目标芯片内部系统信号节点出的信息或总线上的数据流,而不影响原硬件系统的正常工作。

Quartus Ⅱ中嵌入式逻辑分析仪称为 SignalTap Ⅱ。在实际监测中,SignalTap Ⅱ将测得的样本信号暂存于目标器件中的嵌入式 RAM(如 M4K)中,然后通过器件的 JTAG 端口将采得的信息传出,送入计算机进行显示和分析。SignalTap Ⅱ允许对设计中所有层次的模块的信号节点进行测试,可以使用多时钟驱动,而且还能通过设置以确定前后发出捕捉信号信息的比例。

SignalTap Ⅱ的使用步骤如下:

(1)打开 SignalTap Ⅱ编辑窗口,选择 File->New 命令,选择 Other Files 中的 SignalTap Ⅱ File,出现 Signal Ⅱ编辑窗口;

(2)调入待测信号,在 Instance 栏中更改待测信号名,双击信号名,即弹出 Node Finder 窗口,单击 List 按钮,即在左栏中出现此工程相关的所有信号,包括内部信号,选择需要观察的信号名,进入 SignalTap Ⅱ信号观察窗口;

(3)文件保存,选择 File->Save As 命令,输入此 SignalTap Ⅱ文件名为 CNT10. stp1(默认后缀);

(4)编译下载,首先选择 Progressing->Start Compilation 命令,启动全程编译,编译结束后,SignalTap Ⅱ窗口就会自动打开;

(5)启动 SignalTap Ⅱ进行采样与分析;

(6)编辑 SignalTap Ⅱ的触发信号。

四、实验仪器设备及材料

1. EDA 实验箱

2. PC 机、Quartus Ⅱ软件

五、实验内容及方法

(1)根据上述程序设计加法计数器。

(2)引脚锁定以及硬件下载测试。引脚锁定后进行编译、下载和硬件测试实验,将实验过程和实验结果写进实验报告。

(3)使用 SignalTap Ⅱ对此计数器进行实时测试。

（4）从设计中去除 SignalTap Ⅱ，要求全程编译后生成用于配置器件 EPCS1 编程的压缩 POF 文件，并使用 ByteBlaster Ⅱ，通过 AS 模式对实验板上的 EPCS1 进行编程，最后进行验证。

（5）为此项设计加入一个可用于 SignalTap Ⅱ 采样的独立的时钟输入端（采用时钟选择 CLOCK0 = 12MHz，计数器时钟 CLK 分别选择 256Hz、16 384Hz、6MHz），并进行实时测试。

六、实验报告

（1）根据以上的实验内容写出实验报告，包括程序设计、软件编译、仿真分析、硬件测试和详细实验过程。

（2）给出程序分析报告、仿真波形图及其分析报告。

实验八　7 段数码显示译码器设计

一、实验目的

1. 学习 7 段数码显示译码器设计
2. 学习 VHDL 的 CASE 语句应用及多层次设计方法

二、实验预习要求

1. 复习 7 段数码显示的方法
2. 复习 VHDL 基本语言要素

三、实验原理

　　7 段数码是纯组合电路,通常的小规模专用 IC,如 74 或 4000 系列的器件只能作十进制 BCD 码译码,然而数字系统中的数据处理和运算都是二进制的,所以输出表达都是十六进制的。为了满足十六进制数的译码显示,最方便的方法就是利用译码程序在 FPGA/CPLD 中来实现。

　　输出信号 LED7S 的 7 位分别如图 8.1 所示。

　　数码管的 7 个段,高位在左,低位在右。例如当 LED7S 输出为"1101101"时,数码管的 7 个段:g、f、e、d、c、b、a 分别接 1、1、0、1、1、0、1;接有高电平的段发亮,于是数码管显示"5"。注意,这里没有考虑表示小数点的发光管,如果要考虑,需要增加段 h,则程序中的 LED7S:OUT STD_LOGIC_VECTOR(6 DOWNTO 0)应改为……(7 DOWNTO 0)。

　　程序如下:

```
LIBRARY IEEE;
USE IEEE.STD_LOGIC_1164.ALL;
ENTITY DECL7S IS
PORT(A : IN STD_LOGIC_VECTOR(3 DOWNTO 0);
```

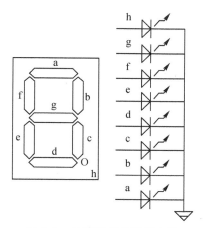

图 8.1　共阴数码管及其电路

LED7S：OUT STD_LOGIC_VECTOR(6 DOWNTO 0))；

END；

ARCHITECTURE one OF DECL7S IS

BEGIN

PROCESS(A)

BEGIN

CASE A IS

WHEN " 0000 " => LED7S <= " 0111111 ";

WHEN " 0001 " => LED7S <= " 0000110 ";

WHEN " 0010 " => LED7S <= " 1011011 ";

WHEN " 0011 " => LED7S <= " 1001111 ";

WHEN " 0100 " => LED7S <= " 1100110 ";

WHEN " 0101 " => LED7S <= " 1101101 ";

WHEN " 0110 " => LED7S <= " 1111101 ";

WHEN " 0111 " => LED7S <= " 0000111 ";

WHEN " 1000 " => LED7S <= " 1111111 ";

WHEN " 1001 " => LED7S <= " 1101111 ";

WHEN " 1010 " => LED7S <= " 1110111 ";

WHEN " 1011 " => LED7S <= " 1111100 ";

WHEN " 1100 " => LED7S <= " 0111001 ";

WHEN " 1101 " => LED7S <= " 1011110 ";

WHEN " 1110 " => LED7S <= " 1111001 ";

WHEN " 1111 " => LED7S <= " 1110001 ";

WHEN OTHERS => NULL；

END CASE；

END PROCESS；

END；

四、实验仪器设备及材料

1. EDA 实验箱

2. PC 机、Quartus Ⅱ软件

五、实验内容及方法

(1)说明上述程序各语句的含义，以及该例的整体功能。在 Quartus Ⅱ上对该例进行编辑、编译、综合、适配、仿真，给出其所有信号的时序仿真波形。

提示：用输入总线的方式给出输入信号仿真数据，仿真波形示例图如图 8.2 所示。

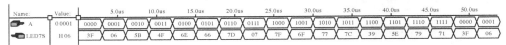

图 8.2　7 段数码管译码器仿真波形

(2)引脚锁定及硬件测试。选用实验电路模式 6(参考附录 B)，用数码 8 显示译码输出(PIO46-PIO40)，键 8、键 7、键 6 和键 5 共 4 位控制输入，硬件验证译码器的工作性能，如表 8-1 所示。

表 8-1

	信　号	引脚号
输　入	A[0]	PIN_3
	A[1]	PIN_4
	A[2]	PIN_6
	A[3]	PIN_7
输　出	LED7S[0]	PIN_161
	LED7S[1]	PIN_162
	LED7S[2]	PIN_163
	LED7S[3]	PIN_164
	LED7S[4]	PIN_165
	LED7S[5]	PIN_166
	LED7S[6]	PIN_167

六、实验报告

(1)根据以上的实验内容写出实验报告,包括程序设计、软件编译、仿真分析、硬件测试和实验过程。

(2)设计程序、程序分析报告、仿真波形图及其分析报告。

实验九　使用 7 段 LED 数码管显示数码

一、实验目的

1. 了解 7 段 LED 数码管的工作原理
2. 学会使用数字逻辑器件实现 7 段 LED 数码管的显示方法
3. 练习使用 7 段 LED 数码管显示 0－9 数字的方法

二、实验原理

如图 9.1 所示是 7 段数码管的外形图和各段的编号。

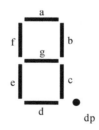

图 9.1　7 段数码管

7 段数码管分共阴和共阳 2 种，内部接线如图 9.2 所示。

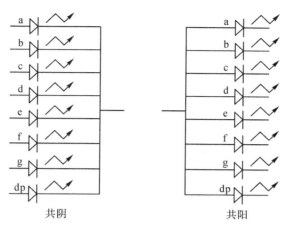

图 9.2　7 段数码管共阴和共阳图

分别点亮各个发光二极管，并且进行编码，编码显示图如图 9.3 所示。

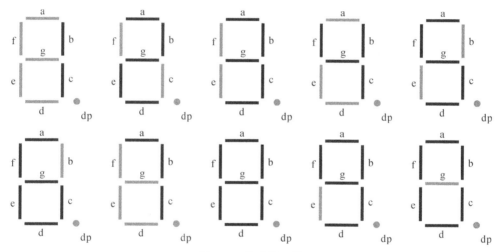

图 9.3　编码显示图

0～9 的编码各段真值表如表 9-1 所示。

表 9-1

输　入				输　出						
A	B	C	D	a	b	c	d	e	f	g
0	0	0	0	1	1	1	1	1	1	0
0	0	0	1	0	1	1	0	0	0	0

续表

输入				输出						
0	0	1	0	1	1	0	1	1	0	1
A	B	C	D	a	b	c	d	e	f	g
0	0	1	1	1	1	1	1	0	0	1
0	1	0	0	0	1	1	0	0	1	1
0	1	0	1	1	0	1	1	0	1	1
0	1	1	0	1	0	1	1	1	1	1
0	1	1	1	1	1	0	0	0	0	0
1	0	0	0	1	1	1	1	1	1	1
1	0	0	1	1	1	1	1	0	1	1

三、实验步骤

设计一个电路显示 0～3 的数码。

卡诺图如下图所示

AB	00	01	11	10
	1	0	1	1

a

AB	00	01	11	10
	1	1	1	1

b

AB	00	01	11	10
	1	1	1	0

c

AB	00	01	11	10
	1	0	1	1

d

AB	00	01	11	10
	1	0	0	1

e

AB	00	01	11	10
	1	0	0	0

f

AB	00	01	11	10
	0	0	1	1

g

代数表达式如下：

$a = \overline{B} + A = \overline{\overline{A}\overline{B}}$

$b = 1$

$c = \overline{A} + B = \overline{\overline{A}\,\overline{\overline{B}}}$

$d = a$

$e = \overline{B}$

$f = \overline{A}\overline{B} = \overline{\overline{\overline{A}}\,\overline{\overline{B}}}$

$g = A$

共使用 7 个与非门。

实验十　输入输出控制实验

一、实验目的
1. 了解实验箱的基本操作方法
2. 了解电平信号、脉冲信号的作用
3. 了解输入输出设备的原理及操作方法

二、实验原理
1. 基础知识
输入输出设备是计算机的外部设备之一。

输入设备（INPUT DEVICE）：向计算机输入数据和信息的设备，是计算机与用户或其他设备通信的桥梁。输入设备是用户和计算机系统之间进行信息交换的主要装置之一。键盘、鼠标、摄像头、扫描仪、光笔、手写输入板、游戏杆、语音输入装置等都属于输入设备，是人或外部与计算机进行交互的一种装置，用于把原始数据和处理这些数据的程序输入到计算机中。

现在的计算机能够接收各种各样的数据，既可以是数值型的数据，也可以是各种非数值型的数据，如图形、图像、声音等都可以通过不同类型的输入设备输入到计算机中，进行存储、处理和输出。计算机的输入设备按功能可分为下列几类：

（1）字符输入设备：键盘；

（2）光学阅读设备：光学标记阅读机，光学字符阅读机；

（3）图形输入设备：鼠标器、操纵杆、光笔；

（4）图像输入设备：摄像机、扫描仪、传真机；

（5）模拟输入设备：语言模数转换识别系统。

输出设备（OUTPUT DEVICE）：是人与计算机交互的一种部件，用于数据的输出。它把各种计算结果数据或信息以数字、字符、图像、声音等形式表示出来。

常见的有显示器、打印机、绘图仪、影像输出系统、语音输出系统、磁记录设备等。

输出设备如显示器、打印机等。行式打印机、卡片输出机、静电印刷机、绘图机、声音回答装置等都是把计算机的计算结果或中间结果以各种方式输出。

输入输出设备(I/O)起着人和计算机、设备和计算机、计算机和计算机的联系作用。

2. 主要芯片介绍

74LS245 封装在 20 引脚的封装壳中,封装型式如图 10.1 所示。

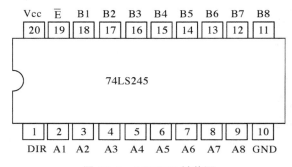

图 10.1　74LS245 封装图

74LS245 是我们常用的芯片,用来驱动 LED 或者其他的设备,它是 8 路同相三态双向总线收发器,可双向传输数据。

74LS245 还具有双向三态功能,既可以输出,也可以输入数据。

当片选端/CE 低电平有效时,DIR="0",信号由 B 向 A 传输;DIR="1",信号由 A 向 B 传输;当 CE 为高电平时,A、B 均为高阻态。

74LS374 封装在 20 引脚的封装壳中,封装型式如图 10.2 所示。

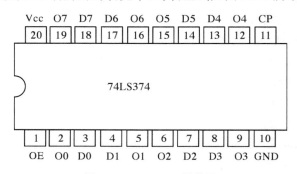

图 10.2　74LS374 封装图

74LS374 为 8 上升延 D 触发器芯片,只有当 CP 输入由"0"到"1"的正跳变瞬间才接收数据 D 的输入,三态输出,内部具有 8 个 D 型触发器,能并行输入数据。

三、传统计组实验

传统计组实验箱的输入单元，由数据 8 位开关 K7－K0、数据缓冲器 74LS245 组成。实验箱上的两个控制信号/IO－R 和 Ai 通过一个或门和 74LS245 的使能端/E 连接，当/IO－R 和 Ai 均为低电平时，数据开关上的数据传输到总线上。

输出单元，由数据缓冲器 74LS374 组成、8 位 LED 发光管和相应驱动电路组成。实验箱上的两个控制信号 IO－W 和 Ai 通过一个或门和 74LS374 的时钟输入端 CLK 连接，实验箱中的 Ai 接地，当给 IO－W 一个单脉冲时，数据从总线传输到 LED 发光管显示。

实验内容 1、2 操作过程：

（1）在 MANUAL UNIT 中，所有开关拨为高电平，确保控制信号处于无效状态。

（2）INPUT UNIT 中，开关拨号第一个要输入的数据 65H，即"0110 0101"。

（3）与/IO－R 相连的开关拨为低电平，即给/IO－R 为低电平，/IO－R 有效。数据从 INPUT UNIT 传输到总线，并在总线指示灯上显示。

（4）与 IO－W 相连的开关拨动一次，即"1－0－1"，即给 IO－W 一个单脉冲信号。数据从总线传输到 IO UNIT 的输出单元 LED 指示灯上显示。

实验内容 1、2 操作流程：

表 10-1　传统计组实验操作流程

序　号	操　作	控制信号
1	IN → BUS	/IO－R（低电平）
2	BUS → OUT	IO－W（脉冲）

四、现代计组实验

1. 建立顶层文件工程

（1）在 Quartus Ⅱ 环境中，新建一个项目，命名"io"，注意其中芯片选择为 "EP1C6Q240C8"。

（2）新建一个"Block Diagram/Schematic File"即图形文件，设计输入输出控制实验电路图如图 10.3 所示，保存为"io. bdf"。

2. 编译

3. 仿真

（1）新建一个"Vector Waveform File"即仿真文件，保存为"alu. vwf"。

（2）仿真模式设置为"Functional"即功能仿真。

（3）在仿真界面中添加所需引脚，并设置各个输入信号的波形。

（4）创建功能仿真网表。

（5）开始仿真，查看仿真结果，验证输入输出控制功能，如图 10.4 所示。

4. 引脚锁定

5. 再次编译

6. 芯片编程 Programming（配置 configuration）

7. 验证输入输出控制功能

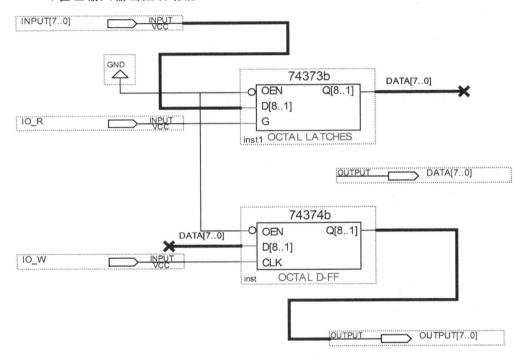

图 10.3　输入输出控制电路图

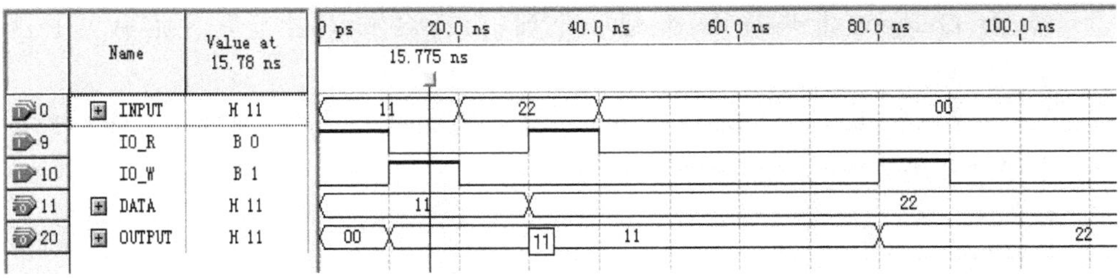

图 10.4　输入输出控制仿真运行波形图

五、实验内容

（1）把输入部件（INPUT）上的数据 65H 送到总线（BUS）上，在总线指示灯上读出数据。

（2）把内容 1 中总线（BUS）上的数据送到输出部件（OUT），在输出单元 LED 指示灯读出数据。

实验十一　算术逻辑运算器 ALU 实验

一、实验目的

1. 了解简单运算器的数据传输方式
2. 验证运算器芯片(74LS181)的逻辑功能

二、实验原理

1. 基础知识

运算器(Arithmetic Unit)：计算机中执行各种算术和逻辑运算操作的部件。

运算器由算术逻辑运算单元(Arithmetic-Logic Unit,ALU)、累加器、状态寄存器、通用寄存器组等组成。算术逻辑运算单元(ALU)的基本功能为加、减、乘、除四则运算,与、或、非、异或等逻辑操作,以及移位、求补等操作。计算机运行时,运算器的操作和操作种类都由控制器决定。运算器处理的数据来自存储器,处理后的结果数据通常送回存储器,或暂时寄存在运算器中。运算器与控制器(Control Unit)共同组成了 CPU 的核心部分。

运算器操作种类的多少与操作速度的快慢,标志着运算器能力的强弱,甚至标志着计算机本身能力的强弱。运算器最基本的操作是加法。一个数与零相加,等于简单地传送这个数。将一个数的代码求补,与另一个数相加,相当于从后一个数中减去前一个数。将两个数相减可以比较它们的大小。

左右移位是运算器的基本操作。在有符号的数中,符号不动而只移数据位,称为算术移位。若数据连同符号的所有位一齐移动,称为逻辑移位。若将数据的最高位与最低位链接进行逻辑移位,称为循环移位。

运算器的逻辑操作可将 2 个数据按位进行与、或、异或,以及将一个数据的各位求非。有的运算器还能进行二值代码的 16 种逻辑操作。

乘、除法操作较为复杂。很多计算机的运算器能直接完成这些操作。乘法操作是以加法操作为基础的,由乘数的一位或几位译码控制逐次产生部分积,部分积相加得乘积。除法则又常以乘法为基础,即选定若干因子乘以除数,使它近似为 1,这些因子乘被除数则得商。没有执行乘法、除法硬件的计算机可用程序实现乘、除,但速度慢得多。有的运算器还能执行在一批数中寻求最大数,对一批数据连续执行同一种操作,求平方根等复杂操作。

2. 运算器主要芯片介绍

74LS181 是一种数据宽度为 4 个二进制位的多功能运算器芯片,封装在 24 引脚的封装壳中,封装型式如图 11.1 所示。

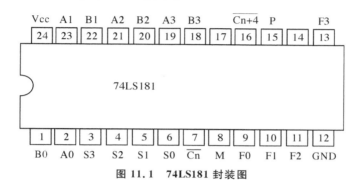

图 11.1 74LS181 封装图

74LS181 芯片主要引脚功能:

(1) A[3..0]:第一组操作数据输入端。

(2) B[3..0]:第二组操作数据输入端。

(3) F[3..0]:操作结果数据输出端。

(4) S[3..0]:操作功能控制端。

(5) CN:低端进位接收端。

(6) CN4:高端进位输出端。

(7) M:算术/逻辑功能控制端。

74LS181 芯片的逻辑功能表如表 11-1 所示:

表 11-1 74LS181 芯片的逻辑功能表

选择端				输入、输出关系		
S3	S2	S1	S0	M=H 逻辑运算	M=L 算术运算 CN=H(无进位)	CN=L(有进位)
0	0	0	0	$F=\overline{A}$	$F=A$	$F=A$ 加 1
0	0	0	1	$F=\overline{A+B}$	$F=A+B$	$F=(A+B)$ 加 1

续表

选择端				输入、输出关系		
				M＝H 逻辑运算	M＝L 算术运算	
S3	S2	S1	S0		CN＝H(无进位)	CN＝L(有进位)
0	0	1	0	$F=\overline{AB}$	$F=A+\overline{B}$	$F=A+\overline{B}$
0	0	1	1	$F=0$	$F=$ 减 1(2 的补码)	$F=0$
0	1	0	0	$F=\overline{AB}$	$F=A$ 加 $A\overline{B}$	$F=A$ 加 $A\overline{B}$ 加 1
0	1	0	1	$F=\overline{B}$	$F=(A+\overline{B})$ 加 $A\overline{B}$	$P=(A+\overline{B})$ 加 $A\overline{B}$ 加 1
0	1	1	0	$F=A\oplus B$	$F=A$ 减 B 减 1	$F=A$ 减 B
0	1	1	1	$F=A\overline{B}$	$F=A\overline{B}$ 减 1	$F=A\overline{B}$
1	0	0	0	$F=\overline{A}+B$	$F=A$ 加 AB	$F=A$ 加 AB 加 1
1	0	0	1	$F=\overline{A\oplus B}$	$F=A$ 加 B	$F=A$ 加 B 加 1
1	0	1	0	$F=B$	$F=(A+\overline{B})$ 加 AB	$F=(A+\overline{B})$ 加 AB 加 1
1	0	1	1	$F=AB$	$F=AB$ 减 1	$F=AB$
1	1	0	0	$F=1$	$F=A$ 加 A *	$F=A$ 加 A 加 1
1	1	0	1	$F=A+\overline{B}$	$F=(A+B)$ 加 A	$F=(A+B)$ 加 A 加 1
1	1	1	0	$F=A+B$	$F=(A+\overline{B})$ 加 A	$F=(A+\overline{B})$ 加 A 加 1
1	1	1	1	$F=A$	$F=A$ 减 1	$F=A$

三、传统计组实验

传统计算机组成原理实验箱的结构图如图 11.2 所示,用 2 片 74LS181 芯片构成一个长度为 8 的运算器,2 片 74LS273 分别作为第一操作数据寄存器和第二操作数据寄存器,1 片 74LS245 作为操作结果数据输出缓冲器。

在传统计算机组成原理实验箱上实验时,只要控制相应的控制信号,即可完成运算器的验证实验。

实验操作过程:

(1)在 MANUAL UNIT 中,所有开关拨为高电平,确保控制信号处于无效状态。

(2)INPUT UNIT 中,开关拨号第一个要输入的数据,如"0110 0101",即十六进制的 65H。

(3)与/IO－R 相连的开关拨为低电平,即/IO－R 为低电平,/IO－R 有效。数据从 INPUT UNIT 传输到总线,并在总线指示灯上显示。

(4)与 B－DA1 相连的开关拨动一次,即"1－0－1",即给 B－DA1 一个脉冲信

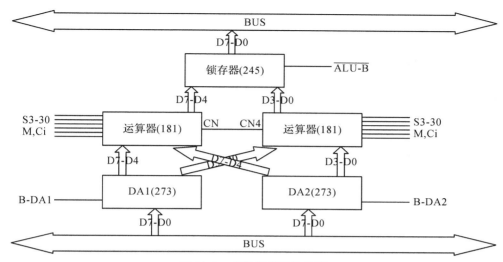

图 11.2 传统运算器结构图

号。数据从总线传输到 ALU UNIT 的 DA1 数据寄存器中。

(5)同样的方法,把第二个数据 0A7H,通过总线,传输到 ALU UNIT 的 DA2 中。

(6)将/IO-R 控制信号置为无效状态,即开关拨为 1。

(7)将/ALU-B 控制信号置为 0,此时,ALU 运算结果传输到总线。

(8)将 S3~S0,M,CI 置不同的值,进行不同的运算,总线显示的即为不同的运算结果。

实验操作流程,如表 11-2 所示:

表 11-2 传统计组实验操作流程

序　　号	操　　作	控制信号
1	IN ➡ DA1	/IO-R(低电平),B-DA1(脉冲)
2	IN ➡ DA2	/IO-R(低电平),B-DA2(脉冲)
3	ALU ➡ BUS	/ALU-B(低电平),S3~S0,M,CI(根据运算需要)

四、现代计组实验

1.建立顶层文件工程

(1)在 Quartus Ⅱ 环境中,新建一个项目,命名"alu",注意其中芯片选择为"EP1C6Q240C8"。

(2)新建一个"Block Diagram/Schematic File"即图形文件,设计 ALU 实验电路图如图 11.3 所示,保存为"alu. bdf"。

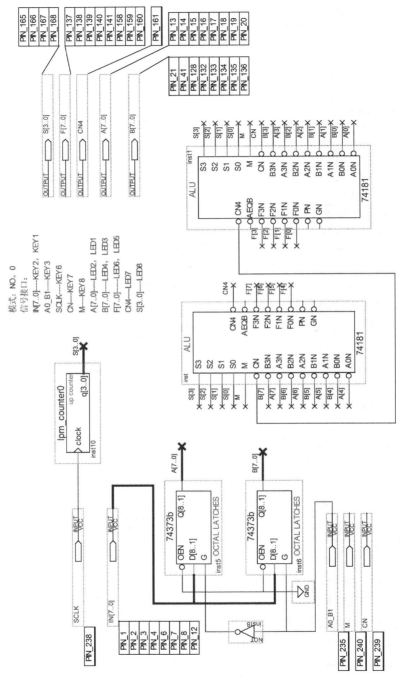

图 11.3　ALU 实验电路图

2. 编译

3. 仿真

（1）新建一个"Vector Waveform File"即仿真文件,保存为"alu. vwf"。

（2）仿真模式设置为"Functional",即功能仿真。

（3）在仿真界面中添加所需引脚,并设置各个输入信号的波形。

（4）创建功能仿真网表。

（5）开始仿真,查看仿真结果,验证运算器功能。

4. 引脚锁定

5. 再次编译

6. 芯片编程 Programming(配置 configuration)

7. 验证运算器的算术运算和逻辑运算功能

五、实验内容

（1）验证 ALU 的算术和逻辑运算功能,填写表 11-3。

表 11-3 验证 ALU 的算术和逻辑运算功能

S3 S2 S1 S0	A[7..0]	B[7..0]	算术运算 M＝0		逻辑运算（M＝1）
			CN＝1(无进位)	CN＝0(有进位)	
0000	65H	A7H	F＝（ ）	F＝（ ）	F＝（ ）
0001	65H	A7H	F＝（ ）	F＝（ ）	F＝（ ）
0010	65H	A7H	F＝（ ）	F＝（ ）	F＝（ ）
0011	65H	A7H	F＝（ ）	F＝（ ）	F＝（ ）
0100	65H	A7H	F＝（ ）	F＝（ ）	F＝（ ）
0101	65H	A7H	F＝（ ）	F＝（ ）	F＝（ ）
0110	65H	A7H	F＝（ ）	F＝（ ）	F＝（ ）
0111	65H	A7H	F＝（ ）	F＝（ ）	F＝（ ）
1000	65H	A7H	F＝（ ）	F＝（ ）	F＝（ ）
1001	65H	A7H	F＝（ ）	F＝（ ）	F＝（ ）
1010	65H	A7H	F＝（ ）	F＝（ ）	F＝（ ）
1011	65H	A7H	F＝（ ）	F＝（ ）	F＝（ ）
1100	65H	A7H	F＝（ ）	F＝（ ）	F＝（ ）
1101	65H	A7H	F＝（ ）	F＝（ ）	F＝（ ）

续表

S3 S2 S1 S0	A[7..0]	B[7..0]	算术运算 M=0		逻辑运算（M=1）
			CN=1(无进位)	CN=0(有进位)	
1110	65H	A7H	F=( )	F=( )	F=( )
1111	65H	A7H	F=( )	F=( )	F=( )

（2）验证 F＝A,F＝B,F＝A 加 B,F＝A 减 B, F＝(A＋/B)加(A＊B),F＝/(A
⊕B)运算结果,验证理论运算结果与实验结果是否一致。

表 11-4　验证理论运算结果与实验结果

操作	S[3..0]	M	CN	A[7..0]	B[7..0]	F[7..0]
F＝A				65H	A7H	
F＝B				65H	A7H	
F＝A 加 B				65H	A7H	
F＝A 减 B				65H	A7H	
F＝(A＋/B)加(A＊B)				65H	A7H	
F＝/(A⊕B)				65H	A7H	

*（3）根据 74LS181 功能用 VHDL 编写一个 8 位字长的 ALU,代替图形界面
里的两个 4 位字长的 74181,并进行测试,程序代码参考附 11-1。

附 11-1：八位运算器 ALU181. VHD 程序代码

```
library ieee；

use ieee. std_logic_1164. all；
use ieee. std_logic_unsigned. all；
entity alu181 is
    port(s：in std_logic_vector(3 downto 0)；——s3,s2,s1,s0
        a,b：in std_logic_vector(7 downto 0)；——da1,da2
        f：out std_logic_vector(7 downto 0)；——f
        m,cn：in std_logic；
        fc,fz：out std_logic
    )；
end alu181；

architecture bhv of alu181 is
signal a9,b9,f9：std_logic_vector(8 downto 0)；
begin
    a9<='0'&a；
    b9<='0'&b；
    process(m,cn,a9,b9)
    begin
        case s is
        when "0000" => if m='0' then f9<=a9+cn；else f9<=not a9；
        end if；
        when "0001" => if m='0' then f9<=(a9 or b9)+cn；else f9<=not
        (a9 or b9)；end if；
        when "0010" => if m='0' then f9<=(a9 or (not b9))+cn；else f9<
        =(not a9) and b9；end if；
        when "0011" => if m='0' then f9<="000000000"—cn；else f9<="
        000000000"；end if；
        when "0100" => if m='0' then f9<=a9+(a9 and (not b9))+cn；else
        f9<=not (a9 and b9)；end if；
        when "0101" => if m='0' then f9<=a9+(a9 or b9)+(a9 and (not
        b9))+cn；else f9<=not b9；end if；
        when "0110" => if m='0' then f9<=a9—b9—cn；else f9<=a9 xor
        b9；end if；
        when "0111" => if m='0' then f9<=a9 and (not b9)—cn；else f9<
```

```
                =a9 and (not b9); end if;
        when "1000" => if m='0' then f9<=a9+(a9 and b9)+cn; else f9<
        =(not a9) or b9; end if;
        when "1001" => if m='0' then f9<=a9+b9+cn; else f9<=not (a9
        xor b9); end if;
        when "1010" => if m='0' then f9<=(a9 or (not b9))+(a9 and b9)+
        cn; else f9<=b9; end if;
        when "1011" => if m='0' then f9<=(a9 and b9)-cn; else f9<=a9
        and b9; end if;
        when "1100" => if m='0' then f9<=a9+a9+cn; else f9<="
        000000001"; end if;
        when "1101" => if m='0' then f9<=(a9 or b9) or a9+cn; else f9<
        =a9 or (not b9); end if;
        when "1110" => if m='0' then f9<=(a9 or (not b9))+a9+cn; else
        f9<=a9 or b9; end if;
        when "1111" => if m='0' then f9<=a9-cn; else f9<=a9; end if;
        when others => f9<="000000000";
        end case;
        if (a9=b9) then fz<='0'; end if;
    end process;
    f<=f9(7 downto 0);
    fc<=f9(8);
end bhv;
```

实验十二　进位算术运算实验

一、实验目的

1. 了解运算器标志位产生的方法
2. 了解进位标志位在多位数运算中的作用
3. 了解多位数运算

二、实验原理

1.基础知识

标志位在 CPU 中有着很重要的作用。

标志位可分为 2 类:运算结果标志位和状态控制标志位。前者受算术运算和逻辑运算结果的影响,后者受一些控制指令执行的影响。这里我们主要对运算结果标志位进行实验。

实验一中算术逻辑运算没有涉及标志位,事实上,运算结果标志位与 ALU 输出值 F7-F0 一样是一种运算结果。

以下介绍几种常见的算术运算标志位:

(1)进位标志 CF(Carry Flag)。

进位标志 CF 主要用来反映运算是否产生进位或借位。如果运算结果的最高位产生了一个进位或借位,那么,其值为 1,否则其值为 0。使用该标志位的情况有:多字(字节)数的加减运算,无符号数的大小比较运算,移位操作,字(字节)之间移位,专门改变 CF 值的指令。

(2)零标志 ZF(Zero Flag)。

零标志 ZF 用来反映运算结果是否为 0。如果运算结果为 0,则其值为 1,否则其值为 0。在判断运算结果是否为 0 时,可使用此标志位。

(3)奇偶标志 PF(Parity Flag)。

奇偶标志 PF 用于反映运算结果中"1"的个数的奇偶性。如果"1"的个数为偶数,则 PF 的值为 1,否则其值为 0。利用 PF 可进行奇偶校验检查,或产生奇偶校验位。在数据传送过程中,为了提供传送的可靠性,如果采用奇偶校验的方法,就可使用该标志位。

(4)符号标志 SF(Sign Flag)。

符号标志 SF 用来反映运算结果的符号位,它与运算结果的最高位相同。在微机系统中,有符号数采用补码表示法,所以,SF 也就反映运算结果的正负号。运算结果为正数时,SF 的值为 0,否则其值为 1。

(5)溢出标志 OF(Overflow Flag)。

溢出标志 OF 用于反映有符号数加减运算所得结果是否溢出。如果运算结果超过当前运算位数所能表示的范围,则称为溢出,OF 的值被置为 1,否则,OF 的值被清为 0。"溢出"和"进位"是两个不同含义的概念,不要混淆。

三、传统计组实验

本次实验是在实验一的基础上增加进位控制电路,将高 4 位运算器 74181 的进位 CN4 送入 D 锁存器,由 T4 控制其写入,T4 为脉冲信号,由时序电路产生。

进位和判零实验所使用的控制信号有 T4、/CLR、/CYCN、/CYNCN,分别解释如下:

(1)T4:外部脉冲信号,判断 CY、ZI 标志的时序脉冲。

(2)/CLR:清零信号,清除 CY、ZI 标志的控制信号。

(3)/CyCn:带低端进位输入的进位标志 CY 产生控制端。

(4)/CyNCn:不带低端进位输入的进位标志 CY 产生控制端。

实验内容 1 操作过程:

(1)在 MANUAL UNIT 中,所有开关拨为高电平,确保控制信号处于无效状态。

(2)拨动/CLR 开关,实现"1－0－1",产生 1 个清除脉冲,对 CY,ZI 标志位进行清零。

(3)按照实验一操作对 ALU 的两个寄存器分别输入 2 个数据。这 2 个数据必须能符合能产生 CY,ZI 两个标志位的要求。

(4)按照表 11-1 对 S3~S0,M,Ci 置不同的值,进行 ALU 运算,注意只有算术运算才能产生 CY 标志。

(5)给/CYCN 或/CYNCY 2 个控制信号其中 1 个置为 0。

(6)给 T4 1 个单脉冲,这时指示灯上显示运算过程中产生的 CY,ZI 标志位,验证 CY,ZI 是否与理论一致。

实验内容 1 操作流程如表 12-1 所示。

表 12-1　传统计组实验操作流程

序　号	操　作	控　制　信　号
1	IN→DA1	/IO－R(低电平)，B－DA1(脉冲)
2	IN→DA2	/IO－R(低电平)，B－DA2(脉冲)
3	ALU→BUS	/ALU－B(低电平)，S3～S0，M，CI(根据运算需要)
4	判断 CY,ZI	/CYCN 或/CYNCN(低电平)

实验内容 2 操作过程：

(1)在 MANUAL UNIT 中，所有开关拨为高电平，确保控制信号处于无效状态。拨动/CLR 开关，实现"1－0－1"，产生 1 个清除脉冲，对 CY 标志位进行清零。

(2)INPUT UNIT 中，开关拨号第一个要输入的数据低八位 65H。给/IO－R一个低电平，使/IO－R 有效，总线上显示数据位 65H，给 B－DA1 1 个脉冲信号，数据从总线输入到 DA1 中，DA1 数据位 65H。

(3)INPUT UNIT 中，开关拨号第二个要输入的数据低八位 A7H。给/IO－R 1 个低电平，使/IO－R 有效，总线上显示数据位 A7H，给 B－DA2 1 个脉冲信号，数据从总线输入到 DA2 中，DA2 数据位 A7H。将/IO－R 控制信号置为无效状态，即开关拨为 1。

(4)将/ALU－B 1 个低电平信号，使/ALU－B 有效，ALU 运算结果传输到总线。S3～S0，M，CI=100101(F=A 加 B)，总线上显示 0CH，并且产生 1 个进位。给 B－R0 1 个脉冲信号，将低八位加法运算结果存放于寄存器 R0 中。

(5)给/CYNCN 或/CYCN 1 个低电平信号，使/CYNCN 或/CYCN 有效。给 T4 1 个脉冲信号，将运算产生的进位在 CY 标志位的指示灯上显示。将 ALU－B 控制信号置为无效状态，接开关拨为 1。

(6)如第(2)、(3)、(4)步同样方法。将高八位的运算结果存入寄存器 R1 中，注意运算时，/CYCN 必须有效，否则低八位产生的进位 CY 将不参与高八位的运算。

(7)给/R1－B 1 个低电平信号，给 IO－W 1 个脉冲信号，将存放于寄存器 R1的高八位运算结果输出到 OUT 单元显示。使/R1－B 无效，给/R0－B 1 个低电平信号，给 IO－W 1 个脉冲信号，将存放于寄存器 R0 的低八位运算结果输出到 OUT 单元显示。

实验内容 2 操作流程如表 12-2 所示。

表 12-2　传统计组实验操作流程

序　号	操　作	控制信号
1	IN ➡ DA1	/IO－R(低电平),B－DA1(脉冲)
2	IN ➡ DA2	/IO－R(低电平),B－DA2(脉冲)
3	ALU ➡ R0	/ALU－B(低电平),S3～S0,M,CI(根据运算需要),B－R0(脉冲)
4	判断 CY	/CYCN 或/CYNCN(低电平),T4(脉冲)
5	IN ➡ DA1	/IO－R(低电平),B－DA1(脉冲)
6	IN ➡ DA2	/IO－R(低电平),B－DA2(脉冲)
7	ALU ➡ R1	/ALU－B(低电平),S3～S0,M,CI(根据运算需要),/CYCN(低电平),B－R1(脉冲)
8	R1 ➡ OUT	/R1－B(低电平),IO－W(脉冲)
9	R0 ➡ OUT	/R0－B(低电平),IO－W(脉冲)

四、现代计组实验

1. 建立顶层文件工程

(1)在 Quartus Ⅱ环境中,新建 1 个项目,命名"alu_c",注意其中芯片选择为"EP1C6Q240C8"。

(2)新建 1 个"Block Diagram/Schematic File"即图形文件,设计 ALU 实验电路图如图 13.1 所示,保存为"alu_c. bdf"。

2. 编译

3. 仿真

(1)新建 1 个"Vector Waveform File"即仿真文件,保存为"alu_c. vwf"。

(2)仿真模式设置为"Functional"即功能仿真。

(3)在仿真界面中添加所需引脚,并设置各个输入信号的波形。

(4)创建功能仿真网表。

(5)开始仿真,查看仿真结果,完成实验内容 2 的运算结果。

4. 引脚锁定

5. 再次编译

6. 芯片编程 Programming(配置 configuration)

7. 在现代组成原理实验箱上完成实验内容 2 的操作

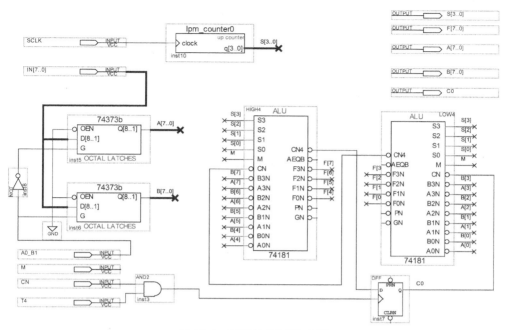

图 12.1　带进位控制的 ALU

五、实验内容

（1）填写下表：

表 12-3

CY	ZI	操作方式	DA1	DA2	S3~S0MCI	/CYCN	/CYNCN
0	0	算术加					
0	1	算术加					
1	0	算术加					
1	1	算术加					
0	0	算术减					
0	1	算术减					
1	0	算术减					
1	1	算术减					
x	0	逻辑与					

续表

CY	ZI	操作方式	DA1	DA2	S3～S0MCI	/CYCN	/CYNCN
x	1	逻辑与					
x	0	逻辑或					
x	1	逻辑或					
x	0	逻辑异或					
x	1	逻辑异或					
x	0	逻辑非					
x	1	逻辑非					

（2）多位数运算：

（1）实现 3465H 和 12A7H 相加结果保存到两个通用寄存器中并读出。

（2）实现 3465H 和 12A7H 相减结果保存到两个通用寄存器中并读出。

实验十三　移位运算器实验

一、实验目的

1. 了解移位寄存器芯片(74LS299)的逻辑功能
2. 了解移位控制实验中数据输入、左移、右移方法及在实际中的用处
3. 验证移位控制的组合功能

二、实验原理

1. 基础知识

移位运算是运算器的一部分,主要功能是完成移位操作,配合 ALU 实现乘法、简单除法等功能。

移位运算在日常生活中常见。例如 15 米可写作 1500 厘米,单就数字而言,1500 相当于小数点左移了两位,并在小数点前面添了两个 0;同样 15 也相当于 1500 相对于小数点右移了两位,并删去了小数点后面的两个 0。可见,当某个十进制数相对于小数点左移 n 位时,相当于该数乘以 10n;右移 n 位时,相当于该数除以 10n。

计算机中小数点的位置是事先约定的,因此,二进制表示的机器数在相对于小数点作 n 位左移或右移时,其实质就便该数乘以或除以 2n(n=1,2…n)。比如一个数据 A 乘以 5,相当于 A 加 4A,而 4A 相当于 A 左移两次。

移位运算又叫移位操作,对计算机来说,有很大的实用价值,例如,当计算机没有乘(除)运算线路时,可以采用移位和加法相结合,实现乘(除)运算。

计算机中机器数的字长往往是固定的,当机器数左移 n 位或右移 n 位时,必然会使其 n 位低位或 n 位高位出现空位。那么,对空出的空位应该添补 0 还是 1 呢?还有高位溢出应如何处理? 这些都是我们需要进一步思考的。

2. 主要芯片介绍:

74LS299 是一种数据宽度为 8 位的多功能移位寄存器芯片,封装在 20 引脚的封装壳中,封装型式如图 13.1 所示。

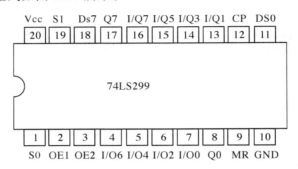

图 13.1　74LS299 封装图

74LS299 芯片主要引脚功能:

IO7－IO0:8 位数据输入输出,芯片的数据输入/输出共用一个引脚。

S0、S1:功能控制端,控制数据输入、左移、右移等逻辑功能。

OE1、OE2:数据输入输出使能端,低电平时,IO7－IO0 处于输出状态,高电平时,IO7－IO0 处于输入状态。

CP:时钟输入端,数据的输入、移位需要在时钟脉冲的同步控制下执行。

MR:清零端,低电平有效,清零移位寄存器。

Q7:高位左移输出,左移时接受 D7 的信号。

Q0:低位右移输出,右移时接受 D0 的信号。

DS7:高位右移输入,右移时向 D7 输入信号。

DS0:地位左移输入,左移时向 D0 输入信号。

74LS299 芯片的逻辑功能表如表 13-1 所示:

表 13-1　74LS299 芯片的逻辑功能表

工作模式	控制信号状态				芯片功能
	MR	S1,S0	OE1,OE2	CP	
清零	0	××	1×	×	清零;Q7＝Q0＝0
	0	××	×1	×	
	0	11	××	×	
	0	0×	00	×	清零;Q7＝Q0＝0 IO7, IO6, IO5, IO4, IO3, IO2, IO1,IO0＝00000000
	0	×0	00	×	

续表

工作模式	控制信号状态				芯片功能
	MR	S1,S0	OE1,OE2	CP	
左移	1	01	00	↑	Q7←IO7←IO6←IO5←IO4← IO3←IO2←IO1←IO0←DS0
右移	1	10	00	↑	DS7→IO7→IO6→IO5→IO4 →IO3→IO2→IO1→IO0→Q0
输出	1	00	00	×	IO7,IO6,IO5,IO4,IO3,IO2, IO1,IO0 从芯片内部输出
输入	1	11	××	↑	IO7,IO6,IO5,IO4,IO3,IO2, IO1,IO0 输入芯片内部

三、传统计组实验

传统计算机组成原理实验箱的移位控制实验逻辑电路由一片 74LS299 芯片、CY 标志触发器和逻辑门组成,具有不带 CY 循环右移(RR),带 CY 循环右移(RRC),不带 CY 循环左移(RL),带 CY 循环左移(RLC)四种移位方式。逻辑电路如图 13.2 所示,其中 CY 标志位相当于 8 数据的高 1 位,带 CY 的循环移位,相当于 CY,D7,D6,D5,D4,D3,D2,D1,D0 共九位数据进行循环移位。移位方式如表 13-2 所示。

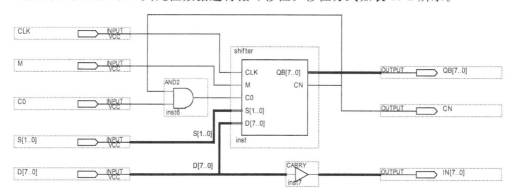

图 13.2　移位实验电路图

表 13-2　移位方式

移位方式	移位图示
不带 CY 循环右移 （RR）	D7→D6→D5→D4→D3→D2→D1→D0

续表

移位方式	移位图示
带 CY 循环右移 （RRC）	CY →D7 →D6 →D5 →D4 →D3 →D2 →D1 →D0
不带 CY 循环左移 （RL）	D7 ←D6 ←D5 ←D4 ←D3 ←D2 ←D1 ←D0
带 CY 循环左移 （RLC）	CY ←D7 ←D6 ←D5 ←D4 ←D3 ←D2 ←D1 ←D0

本次移位控制实验所使用的控制信号有 M、S1、S0、/299－B、T4，分别解释如下：

（1）M：移位时是否带 CY。

（2）S1、S0：移位控制端，包括左移、右移、数据输入。

（3）/299－B：数据输出控制端。

（4）T4：外部脉冲信号。提供移位、数据输入时所需脉冲。

各个控制信号功能如表 13-3 所示：

表 13-3　移位控制信号功能表

控制信号			移位方式
/299－B	S1、S0	M	
0	00	×	数据输出
0	10	0	不带 CY 循环右移（RR）
0	10	1	带 CY 循环右移（RRC）
0	01	0	不带 CY 循环左移（RL）
0	01	1	带 CY 循环左移（RLC）
×	11	×	数据输入

实验内容 1 操作过程：

（1）在 MANUAL UNIT 中，所有开关拨为高电平，确保控制信号处于无效状态；

（2）拨动/CLR 开关，实现"1－0－1"，产生 1 个清除脉冲，对 CY，ZI 标志位进行清零；

（3）IO UNIT 中，输入初始值"10000000"，/IO－R 置为有效，S1，S0 置为"11"，给 T4 1 个单脉冲（此时数据"10000000"从 INPUT UNIT 通过总线输入到 ALU UNIT 的 299 移位寄存器中）。将/IO－R 控制信号置为无效状态；

（4）/299－B 置为有效，S1，S0，M 根据不同的移位方式置不同的值，按 T4，每按一次,从总线指示灯上读 1 个数据记录到表 13-4 所示。

实验内容 1 操作流程:

表 13-4　传统计组实验操作流程

序　号	操　作	控制信号
1	IN→299	/IO－R(低电平),S1S0=11,T4(脉冲)
2	299 不带 CY 循环右移→BUS	/299－B(低电平),S1S0M=100,T4(脉冲)

实验内容 2 操作过程:

(1)在 MANUAL UNIT 中,所有开关拨为高电平,确保控制信号处于无效状态;

(2)拨动/CLR 开关,实现"1－0－1",产生 1 个清除脉冲,对 CY,ZI 标志位进行清零;

(3)IO UNIT 中,输入初始值"11110000",/IO－R 置为有效,给 ALU UNIT 的 B－DA1 一个单脉冲(此时数据"11110000"从 INPUT UNIT 通过总线输入到 ALU UNIT 的 DA1 存储器中)。

(4)IO UNIT 中,输入初始值"11110000",/IO－R 置为有效,S1,S0 置为"11",给 T4 一个单脉冲(此时数据"11110000"从 INPUT UNIT 通过总线输入到 ALU UNIT 的 299 移位寄存器中)。将/IO－R 控制信号置为无效状态。

(5)ALU UNIT 的/299－B 置为有效,S1,S0,M 置为 100,给 T4 一个单脉冲,再给 T4 一个单脉冲,给 B－DA2 一个单脉冲(此时 299 寄存器中的数据 F0 进行了两次右移相当于除以 4 后,传输到 DA2 中)。将/299－B 控制信号置为无效状态。

(6)ALU UNIT 的/ALU－B 置为有效,S3～S0,M,CI 置为 011000(减法),给 IO UNIT 的 IO－W 一个单脉冲(此时数据经过运算后传输到 OUT 单元中)。

操作流程:

表 13-5　传统计组实验操作流程

序　号	操　作	控制信号
1	IN→DA1	/ IO－R(低电平),B－DA1(脉冲)
2	IN→299	/IO－R(低电平),S1S0=11,T4(脉冲)
3	299 不带 CY 循环右移 2 次 →DA2	/299－B(低电平),S1,S0,M＝100,T4(脉冲),T4(脉冲),B－DA2(脉冲)
4	ALU(减)→OUT	/ALU－B(低电平),S3～S0,M,CI＝011000,IO－W(脉冲)

四、现代计组实验

1. 建立顶层文件工程

（1）在 Quartus Ⅱ 环境中，新建一个项目，命名"shift"，注意其中芯片选择为"EP1C6Q240C8"。

（2）新建一个"VHDL File"即 VHDL 文件，使用硬件描述语言编写实现一个移位寄存器的功能，保存为"shifter.vhd"。程序代码参考附 13-1。

（3）对"shifter.vhd"进行编译。

（4）生成 symbol file，生成的文件为"shifter.bsf"。

（5）新建一个"Blok diagram/Schematic File"即图形文件，设计移位实验电路图如图 13.2 所示，其中的移位芯片调用之前设计的"shifter.bsf"，保存为"shift.bdf"，并设置为顶层实体。

2. 编译

3. 仿真

（1）新建一个"Vector Waveform File"即仿真文件，保存为"shift.vwf"。

（2）仿真模式设置为"Functional"即功能仿真。

（3）在仿真界面中添加所需引脚，并设置各个输入信号的波形。

（4）创建功能仿真网表。

（5）开始仿真，查看仿真结果，完成实验内容 1 的运算结果。

4. 引脚锁定

5. 再次编译

6. 芯片编程 Programming（配置 configuration）

7. 在现代组成原理实验箱上完成实验内容 1 的操作

五、实验内容

（1）进行 4 种移位实验：不带 CY 循环右移、带 CY 循环右移、不带 CY 循环左移、带 CY 循环左移。每移 1 位，观察总线上的数据显示，并记录到如表 13-6 所示。

表 13-6

T4 次数	不带 CY 循环右移	带 CY 循环右移	不带 CY 循环左移	带 CY 循环左移
	10000000	10110110	10001000	11011101
1				
2				

T4 次数	不带 CY 循环右移	带 CY 循环右移	不带 CY 循环左移	带 CY 循环左移
3				
4				
5				
6				
7				
8				
9				

（2）计算 FOH×3/4，并在 OUT 单元显示计算结果。

附 13-1：shifter. vhd 程序代码

```
library ieee；

use ieee. std_logic_1164. all；

entity shifter is
port(CLK,M,C0：IN STD_LOGIC；
       S：IN STD_LOGIC_VECTOR(1 DOWNTO 0)；
       D：IN STD_LOGIC_VECTOR(7 DOWNTO 0)；
       QB：OUT STD_LOGIC_VECTOR(7 DOWNTO 0)；
       CN：OUT STD_LOGIC)；
end shifter；

architecture behav of shifter is
    signal abc：STD_LOGIC_VECTOR(2 DOWNTO 0)；
    signal reg：STD_LOGIC_VECTOR(7 DOWNTO 0)；
    signal cy：std_logic；
begin
process(clk,abc,c0)
    begin
    if clk ' event and clk＝' 1 ' then
    case abc is
    when " 011 " ＝＞ reg(0)＜＝c0；reg(7 downto 1)＜＝reg(6 downto 0)；cy＜＝
    reg(7)；——to left with cy
```

```
    when "010" => reg(0)<=reg(7); reg(7 downto 1)<=reg(6 downto 0); ─
─to left
    when "100" => reg(7)<=reg(0); reg(6 downto 0)<=reg(7 downto 1); ─
─to right
    when "101" => reg(7)<=c0; reg(6 downto 0)<=reg(7 downto 1); cy<=
reg(0); ──to right
    when "110" => reg(7 downto 0)<=d(7 downto 0); ──load data;
    when "111" => reg(7 downto 0)<=d(7 downto 0); ──load data;
    when others =>reg<=reg;cy<=cy; ──keep;
    end case;
    end if;
    end process;
    abc<=s & m;
    qb(7 downto 0)<=reg(7 downto 0);
    cn<=cy;
end behav;
```

实验十四　存储器控制实验

一、实验目的

1. 了解存储器工作原理
2. 掌握存储器读写方法
3. 了解 FPGA 中 lpm_rom、lpm_ram_dq 的设置
4. 掌握 FPGA 中 lpm_rom、lpm_ram_dq 参数设置和使用方法

二、实验原理

1. 基础知识

存储器(Memory)是计算机系统中的记忆设备,用来存放程序和数据。计算机中全部信息,包括输入的原始数据、计算机程序、中间运行结果和最终运行结果都保存在存储器中。它根据控制器指定的位置存入和取出信息。有了存储器,计算机才有记忆功能,才能保证正常工作。按用途存储器可分为主存储器(内存)和辅助存储器(外存),也有分为外部存储器和内部存储器的分类方法。外存通常是磁性介质或光盘等,能长期保存信息。内存指主板上的存储部件,用来存放当前正在执行的数据和程序,但仅用于暂时存放程序和数据,关闭电源或断电,数据会丢失。

存储器的主要功能是存储程序和各种数据,并能在计算机运行过程中高速、自动地完成程序或数据的存取。存储器是具有"记忆"功能的设备,它采用具有 2 种稳定状态的物理器件来存储信息。这些器件也称为记忆元件。在计算机中采用只有 2 个数码"0"和"1"的二进制来表示数据。记忆元件的 2 种稳定状态分别表示为"0"和"1"。日常使用的十进制数必须转换成等值的二进制数才能存入存储器中。计算机中处理的各种字符,例如英文字母、运算符号等,也要转换成二进制代码才能存储和操作。

2. 主要芯片介绍

6116 芯片是一种数据宽度为 8 位,容量为 2048 字节的静态存储芯片,封装在 24 引脚的封装壳中。封装型式如图 14.1 所示。

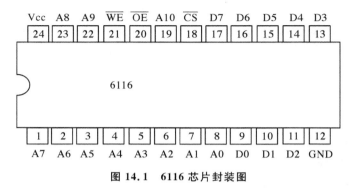

| Vcc | A8 | A9 | $\overline{WE}$ | $\overline{OE}$ | A10 | $\overline{CS}$ | D7 | D6 | D5 | D4 | D3 |
| 24 | 23 | 22 | 21 | 20 | 19 | 18 | 17 | 16 | 15 | 14 | 13 |

6116

| 1 | 2 | 3 | 4 | 5 | 6 | 7 | 8 | 9 | 10 | 11 | 12 |
| A7 | A6 | A5 | A4 | A3 | A2 | A1 | A0 | D0 | D1 | D2 | GND |

图 14.1   6116 芯片封装图

6116 芯片主要引脚功能:

(1)D7—D0:8 位数据输入输出,芯片的数据输入/输出共用一个引脚。

(2)A10—A0:11 位地址线,指示芯片内部的 2048 个存储单元编号。

(3)/CS:片选控制信号,低电平时,芯片可进行读写操作,高电平时,芯片保存信息不能进行读写操作。

(4)/WE:写控制信号,低电平时,把数据线上的数据写入到地址线 A10—A0 指示的存储器单元中。

(5)/OE:读控制信号,低电平时,把地址线 A10—A0 指示的存储器单元的数据读出到数据线上。

三、传统计组实验

传统计组实验采用总线复用技术,即数据和地址在同 1 个总线上传输。实验采用 8 位总线,因此 6116 芯片只用了 A7~A0 8 条地址线,多余的 3 条地址线 A10~A8 接地屏蔽。片选信号/CS 接地始终处于被选中状态。读、写信号/WE、/OE 分别在实验箱的/M—W 和/M—R 接出。存储器逻辑电路如图 14.2 所示。

地址寄存器 AR(8 位)由一片 74LS273 构成,其输入端由排针断路器将总线单元(BUS UNIT)的 D7~D0 输入到 AR,输出端接至排针 A7~A0,并在输出端接有 8 位地址显示灯 A7~A0。地址寄存器 AR 的打入脉冲由控制信号 B—AR 控制,B—AR 在 T3 时刻上升沿有效。

在存储器控制实验中,对存储器中的某个存储单元进行读写操作的时候,必须首先对 AR 输入数据作为当前操作的存储器的存储单元的地址,然后才可以对存储

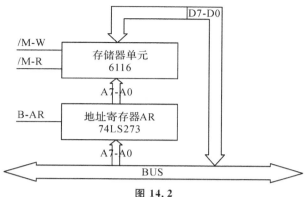

图 14.2

器进行读写操作。

实验内容 1 操作过程：

（1）在 MANUAL UNIT 中，所有开关拨为高电平，确保控制信号处于无效状态；

（2）IO UNIT 中，输入数据"00000001"，/IO－R 置为有效，给 B－AR 1 个单脉冲，（此时数据"00000001"从 INPUT UNIT 通过总线输入到 ADDRESS UNIT 的 AR 地址寄存器中）；

（3）IO UNIT 中，输入数据"10000000"，/IO－R 置为有效，给 M－W 1 个单脉冲，（此时数据"10000000"从 INPUT UNIT 通过总线输入到 MEM UNIT 的地址为 01H 的内存单元中）；

（4）重复（2）、（3），分别在地址为 02H,03H,20H,40H,80H 的内存中输入 40H,20H,10H,11H,22H；

（5）IO UNIT 中，输入数据"00000001"，/IO－R 置为有效，给 B－AR 1 个单脉冲，（此时数据"00000001"从 INPUT UNIT 通过总线输入到 ADDRESS UNIT 的 AR 地址寄存器中），将/IO－R 控制信号置为无效状态；

（6）MEM UNIT 中，将/M－R 置为有效（此时 MEM UNIT 中地址为 01H 的内存单元中的数据输出到总线显示）；

（7）重复（5）、（6），分别将地址为 02H,03H,20H,40H,80H 的内存中的数据输出到总线显示，检查是否与之前输入的数据一致。

实验内容 1 操作流程如表 14-1 所示：

表 14-1　传统计组实验操作流程

序　号	操　作	控制信号
1	IN → AR	/IO－R,B－AR
2	IN → MEM	/IO－R,M－W

续表

序　号	操　作	控制信号
3	…	…
4	IN → AR	/IO－R,B－AR
5	MEM → BUS	/M－R

实验内容 2 操作过程：

(1)在 MANUAL UNIT 中,所有开关拨为高电平,确保控制信号处于无效状态;

(2)IO UNIT 中,输入数据"00000001",/IO－R 置为有效,给 B－AR 1 个单脉冲,将/IO－R 控制信号置为无效状态;

(3)MEM UNIT 中,将/M－R 置为有效,给 B－DA1 1 个单脉冲。将/M－R 控制信号置为无效状态;

(4)IO UNIT 中,输入数据"00000010",/IO－R 置为有效,给 B－AR 1 个单脉冲,将/IO－R 控制信号置为无效状态;

(5)MEM UNIT 中,将/M－R 置为有效,给 B－DA2 1 个单脉冲。将/M－R 控制信号置为无效状态;

(6)IO UNIT 中,输入数据"00000011",/IO－R 置为有效,给 B－AR 1 个单脉冲,将/IO－R 控制信号置为无效状态;

(7)ALU UNIT 中,将/ALU－B 置为有效,S3－S0,M,CI=100101,给 M－W 1 个单脉冲。将/ALU－B 控制信号置为无效状态;

(8)MEM UNIT 中,将/M－R 置为有效,给 IO－W 1 个单脉冲。

实验内容 2 操作流程如表 14-2 所示:

表 14-2　传统计组实验操作流程

序　号	操　作	控制信号
1	IN → AR	/IO－R,B－AR
2	MEM → DA1	/M－R,B－DA1
3	IN → AR	/IO－R,B－AR
4	MEM → DA2	/M－R,B－DA2
5	IN → AR	/IO－R,B－AR
6	ALU → OUT	/ALU－B,S3－S0,M,CI=100101,IO－W

四．现代计组实验

实验 1:FPGA 中 LPM_ROM 定制与读出实验

1. 建立顶层文件工程

(1)在 Quartus Ⅱ 环境中,新建 1 个项目,命名"rom",注意其中芯片选择为"EP1C6Q240C8"。

(2)新建 1 个"Memory Initialization File"即存储器初始化文件,命名为"rom_data.mif",如图 14.4 所示。因为我们要选择的 rom 用 6 个地址线,字长为 24 位,所以设置"Number of Words"为 64,"Word Size"为 24。

rom_data.mif

Addr	+0	+1	+2	+3	+4	+5	+6	+7
00	01C008	DC4002	610003	00C010	C10005	820001	C10007	420020
08	000000	000000	000000	000000	000000	000000	000000	000000
10	000000	000000	000000	000000	000000	000000	000000	000000
18	000000	000000	000000	000000	000000	000000	000000	000000
20	000000	000000	000000	000000	000000	000000	000000	000000
28	000000	000000	000000	000000	000000	000000	000000	000000
30	000000	000000	000000	000000	000000	000000	000000	000000
38	000000	000000	000000	000000	000000	000000	000000	000000

图 14.4　lpm_rom 初始化窗口

(3)新建一个"Blok diagram/Schematic File"即图形文件,设计存储器实验电路图如图 14.5 所示,其中的 rom 芯片调用 lpm_rom,保存为"rom.bdf"。

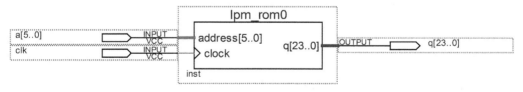

图 14.5　rom 实验电路图

(4)设置 lpm_rom,地址长度为 6,字长为 24 选择初始化文件为 rom_data.mif,如图 14.6 所示。

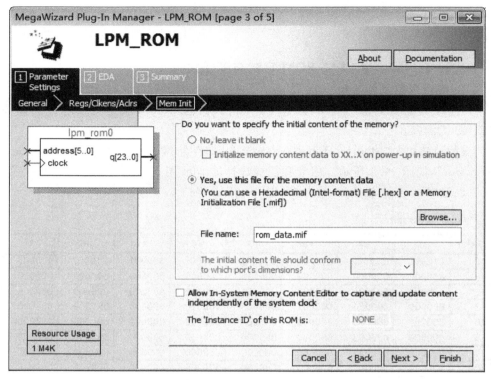

图 14.6　lpm_rom 配置

2. 编译

3. 仿真

查看仿真结果,读出 rom 中的数据(每输出 1 次内存的内容,需要 2 个时钟周期)。

4. 引脚锁定

5. 再次编译

6. 芯片编程 Programming(配置 configuration)

7. 在现代组成原理实验箱上完成读 rom 操作

实验 2:FPGA 中 LPM_RAM 读写实验

1. 建立顶层文件工程

(1)在 Quartus Ⅱ 环境中,新建 1 个项目,命名"ram",注意其中芯片选择为"EP1C6Q240C8"。

(2)新建 1 个"Memory Initialization File"即存储器初始化文件,命名为"ram_

data.mif",如图 14.7 所示。因为我们要选择的 ram 用 8 个地址线,字长为 8 位,所以设置"Number of Words"为 256,"Word Size"为 8。

ram_data.mif

Addr	+0	+1	+2	+3	+4	+5	+6	+7
00	C0	00	C4	20	C8	20	CC	20
08	00	D0	00	00	00	00	00	00
10	00	00	00	00	00	00	00	00
18	00	00	00	00	00	00	00	00
20	00	00	00	00	00	00	00	00
28	00	00	00	00	00	00	00	00
30	00	00	00	00	00	00	00	00
38	00	00	00	00	00	00	00	00
40	00	00	00	00	00	00	00	00
48	00	00	00	00	00	00	00	00
50	00	00	00	00	00	00	00	00
58	00	00	00	00	00	00	00	00
60	00	00	00	00	00	00	00	00
68	00	00	00	00	00	00	00	00

图 14.7   lpm_ram 初始化窗口

(3)新建 1 个"Blok diagram/Schematic File"即图形文件,设计存储器实验电路图如图 14.8 所示,其中的 rom 芯片调用 lpm_ram_dq0,保存为"ram.bdf"。

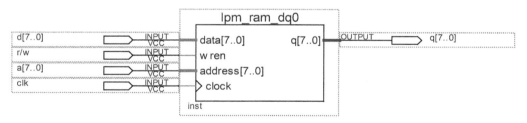

图 14.8   ram 实验电路图

(4)设置 lpm_ram,地址长度为 8,字长为 8。选择初始化文件为 ram_data.mif,如图 14.9 所示。

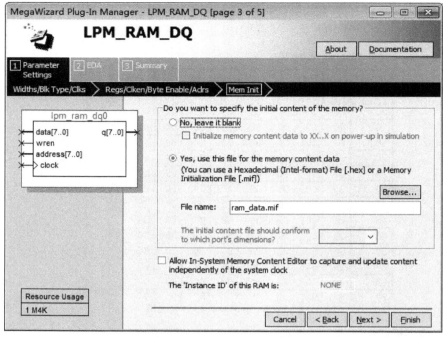

图 14.9 lpm_ram 配置

2. 编译

3. 仿真

查看仿真结果,对 ram 进行读写操作。

4. 引脚锁定

5. 再次编译

6. 芯片编程 Programming(配置 configuration)

7. 在现代组成原理实验箱上完成实验内容 1 的操作

五、实验内容

(1)在地址为 01H,02H,03H,20H,40H,80H 的内存单元中分别输入 80H,40H,20H,10H,11H,22H,逐个读出到总线。

(2)地址分别为 01H、02H 的内存中的数据相加后,写入到地址为 03H 的内存中,并在 OUT 单元读出。

(3)思考:地址分别为 01H、02H 的内存中的数据为地址的内存中的数据相加后,写入到地址为 03H 的内存中的数据为地址的内存单元中,并在 OUT 单元读出。

实验十五　微指令控制实验

一、实验目的

1. 了解微指令编制方法、读写操作、执行操作
2. 了解微指令控制器的工作原理和构成原理
3. 掌握节拍脉冲发生器的设计方法和工作原理
4. 掌握地址单元的设计方法和工作原理

二、实验原理

控制器与微程序控制器

在之前的单元实验中,每个单元的控制信号通过手动的方式控制。控制器的作用就是代替手动操作,各单元的控制信号由控制器统一控制。

控制器分组合逻辑控制器和微程序控制器,2种控制器各有长处和短处。

组合逻辑控制器完全基于硬件技术,设计麻烦,结构复杂,一旦设计完成,就不能再修改或扩充,但它的速度快。

微程序控制器设计方便,结构简单,修改或扩充都方便,修改一条机器指令的功能,只需重编所对应的微程序,要增加一条机器指令,只需在控制存储器中增加一段微程序,尽管速度慢,但技术实现难度低。

微程序控制的基本思想,就是仿照通常解题程序的方法,把操作控制信号编成所谓的"微指令",存放到一个只读存储器里。当机器运行时,一条又一条地读出这些微指令,从而产生全机所需要的各种操作控制信号,使相应部件执行所规定的操作。

采用微程序控制方式的控制器称为微程序控制器。所谓微程序控制方式是指微命令不是由组合逻辑电路产生的,而是由微指令译码产生。一条机器指令往往分成几步执行,将每一步操作所需的若干位命令以代码形式编写在一条微指令中,

若干条微指令组成一段微程序,对应一条机器指令。在设计 CPU 时,根据指令系统的需要,事先编写好各段微程序,暂且将它们存入一个专用存储器(称为控制存储器)中。微程序控制器由指令寄存器 IR、程序计数器 PC、程序状态字寄存器 PSW、时序系统、控制存储器 CM、微指令寄存器以及微地址所形成的电路、微地址寄存器等部件组成。执行指令时,从控制存储器中找到相应的微程序段,逐次取出微指令,送入微指令寄存器,译码后产生所需微命令,控制各步操作完成。

指令与微指令

指令又叫机器指令,是 CPU 能直接识别并执行的指令,它的表现形式是二进制编码。机器指令通常由操作码和操作数两部分组成,操作码指出该指令所要完成的操作,即指令的功能,操作数指出参与运算的对象,以及运算结果所存放的位置等。

为方便识别,指令人为添加了助记符。比如实验箱模型机的一条加法指令,助记符为 ADD addr,功能是"[addr]+DR➔DR",十六进制是"C4 20"(其中 C4 为操作码,表示加法运算;20 为操作数,表示要进行运算的数据,可变),二进制是"11000100 00100000"。

在微程序控制的计算机中,将由同时发出的控制信号所执行的一组微操作称为微指令。将一条指令分成若干条微指令,按次序执行就可以实现指令的功能。若干条微指令可以构成一个微程序,而一个微程序就对应了一条机器指令。因此,一条机器指令的功能是若干条微指令组成的序列来实现的。简言之,一条机器指令所完成的操作分成若干条微指令来完成,由微指令进行解释和执行。比如实验箱模型机的一条微指令,十六进制为"610003",二进制位"011000010000000000000011",功能是"RAM➔IR"。

从指令与微指令,程序与微程序,地址与微地址的一一对应关系上看,前者与内存储器有关,而后者与控制存储器(微存储器)有关。同时从一般指令的微程序执行流程图可以看出。每个 CPU 周期基本上就对应于一条微指令。

三、传统计组实验

1. 时序信号电路

计算机之所以能够按照人们事先规定的顺序进行一系列的操作或运算,就是因为它的控制部分能够按一定的先后顺序正确地发出一系列相应的控制信号。这就要求计算机必须有时序电路。控制信号就是根据时序信号产生的。

时序电路单元(CLOCK UNIT)用于提供传统计组实验箱模型机所需的时序信号。它的基本原理是根据方波信号源 Φ 经过消抖电路产生 4 个等间隔的时序信号 TS1、TS2、TS3、TS4,并且受微动开关"START"和连续/单步开关"RUN/STEP"的控制。

CLR 开关:使时序信号发生器回到初始状态。

START 按钮:启动时序信号发生器工作。

RUN/STEP 开关:运行状态开关,处于"RUN"状态时,按下 START,发出连续时序信号,直至拨动 CLR 开关停止;处于"STEP"状态时,按下 START,发出一组时序信号后停止。

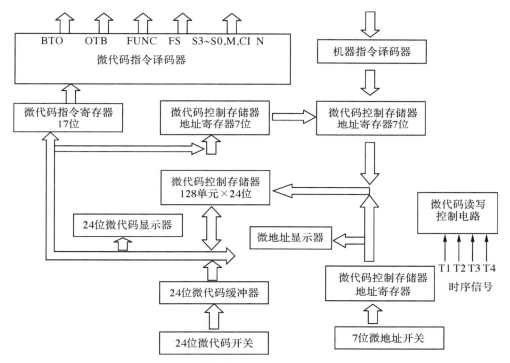

图 15.1　实验箱微程序控制电路基本逻辑结构

2. 微控制器电路

传统计组实验箱微程序控制电路基本逻辑结构如图 15.1 所示。微代码存储器(控制存储器 CM),由 3 片掉电不丢失信息的非易失性存储芯片 2816 组成,形成 128 单元×24 位的存储容量。其读写操作与 MEM UNIT 中的内存操作类似,需要先对 7 位微地址进行操作。

3. 微指令执行

执行内存中的一条指令,相当于执行一段数量不等的若干条微指令,即执行一段微程序。

执行指令过程如下:

(1)指令译码器确定该条指令对应的微程序入口地址(第一条微指令的微地

址)经微地址缓冲器传送到微存储器地址通道;

（2）在微存储器中读出相应的 24 位微指令,高 17 位传送到微指令寄存器,低 7 为传送到微地址寄存器,作为下址;

（3）高 17 位由微指令译码器产生控制信号,执行相应的操作。低 7 位经微地址缓冲器传送到微存储器地址通道,继续执行下一条微指令。

如表 15-1 所示是实验箱模型机的微程序代码表。一条微指令共 24 位,分 7 段,分别标记为:BTO、OTB、FUNC、FS、S3－S0MCI、N、NEXT。前 5 段是控制代码段,经译码器译码后形成各个控制信号,S3－S0MCI 不译码,直接与 ALU UNIT 的控制信号端相连;第 6 段 N 为备用;第 7 段 NEXT 为下址。

表 15-1　实验箱模型机的微程序代码表

微地址十六进制	微代码十六进制	BTO	OTB	FUNC	FS	S3－S0MCI	N	NEXT	微指令功能注释
00	01C008	000	000	011	1	000000	0	0001000	J(3)
01	DC4002	110	111	000	1	000000	0	0000010	PC → AR, PC=PC+1
02	610003	011	000	010	0	000000	0	0000011	RAM → IR
03	00C010	000	000	001	1	000000	0	0010000	J(1)
04	C10005	110	000	010	0	000000	0	0000101	RAM → AR
05	820001	100	000	100	0	000000	0	0000001	IN → DR
06	C10007	110	000	010	0	000000	0	0000111	RAM → AR
07	410020	010	000	010	0	000000	0	0100000	RAM → DA2
08	000001	000	000	000	0	000000	0	0000001	NULL
09	DC400C	110	111	000	1	000000	0	0001100	PC → AR, PC=PC+1
0A	C40E0F	110	001	000	0	001110	0	0001111	0 → AR
0B	000001	000	000	000	0	000000	0	0000001	NULL
0C	21000D	001	000	010	0	000000	0	0001101	RAM → DA1
0D	C40E0E	110	001	000	0	001110	0	0001110	0 → AR
0E	058109	000	001	011	0	000001	0	0001001	DA1 → OUT
0F	220001	001	000	100	0	000000	0	0011100	IN → DA1
10	000000	000	000	000	0	000000	0	0000000	NULL

微地址 十六进制	微代码 十六进制	BTO	OTB	FUNC	FS	S3—S0MCI	N	NEXT	微指令 功能注释
…	…	…	…	…	…	…	…	…	…
1C	DC401D	110	111	000	1	000000	0	0011101	PC → AR，PC＝PC＋1
1D	04BE0A	000	001	001	0	111110	0	0001010	DA1 → RAM
…	…	…	…	…	…	…	…	…	…
20	300021	001	100	000	0	000000	0	0100001	DR → DA1
21	87E501	100	001	111	1	100101	0	0000001	ALU(加) → DR CYNCN 有效
22	C10023	110	000	010	0	000000	0	0100011	RAM → AR
23	108001	000	100	001	0	000000	0	0000001	DR → RAM
24	C10025	110	000	010	0	000000	0	0100101	RAM → AR
25	210026	001	000	010	0	000000	0	0100110	RAM → DA1
26	DC4027	110	111	000	1	000000	0	0100111	PC → AR，PC＝PC＋1
27	C10028	110	000	010	0	000000	0	0101000	RAM → AR
28	058101	000	001	011	0	000001	0	0000001	DA1 → OUT
29	21002A	001	000	010	0	000000	0	0101010	RAM → DA1
2A	E44101	111	001	000	0	000001	0	0000001	DA1 → PC
…	…	…	…	…	…	…	…	…	…
30	DC4004	110	111	000	1	000000	0	0000100	PC → AR，PC＝PC＋1
31	DC4006	110	111	000	1	000000	0	0000110	PC → AR，PC＝PC＋1
32	DC4022	110	111	000	1	000000	0	0100010	PC → AR，PC＝PC＋1
33	DC4024	110	111	000	1	000000	0	0100100	PC → AR，PC＝PC＋1
34	DC4029	110	111	000	1	000000	0	0101001	PC → AR，PC＝PC＋1
…	…	…	…	…	…	…	…	…	…

3 个译码器译码结果如表 15-2、15-3、15-4 所示。

表 15-2

BTO 微码段	功能译码结果	备注
000		
001	BUS→DA1	运算器第一个数据寄存器
010	BUS→DA2	运算器第二个数据寄存器
011	BUS→IR	指令寄存器
100	BUS→DR	R0—R3 通用寄存器
101	BUS→SP	堆栈寄存器
110	BUS→AR	地址寄存器
111	BUS→PC	程序计数器

表 15-3

OTB 微码段	功能译码结果	备注
000		
001	ALU→BUS	
010	299→BUS	
011	SR→BUS	源寄存器
100	DR→BUS	
101	SI→BUS	变址寄存器
110	SP→BUS	
111	PC→BUS	

表 15-4

FUNC 微码段	功能译码结果	
	FS＝1	FS＝0
000	PC＋1	
001	J(1)	M—W
010	J(2)	M—R
011	J(3)	IO—W

续表

FUNC 微码段	功能译码结果	
	FS＝1	FS＝0
100	J(4)	IO－R
101	J(5)	INT－R
110	CYCN	INT－E
111	CYNCN	

实验内容 1 操作过程：

微存储器写入操作：

(1)在 MANUAL UNIT 中,给/CLR 1 个单脉冲,使 MAIN CONTROL UNIT 初始化；

(2)MAIN CONTROL UNIT 右上角编程开关置"PROG"状态；

(3)CLOCK UNIT 中的 RUN/STEP 开关置"STEP"状态；

(4)MANUAL UNIT 的 MA6－MA0 开关置当前微地址,比如"0000000"；

(5)MAIN CONTROL UNIT 的微指令开关 MK23－MK0 置当前微指令代码,比如"000 000 011 1 000000 0 0001000"；

(6)CLOCK UNIT 中按下 START 按钮,此时,微指令代码写入到指定微地址的微存储器中；

(7)重复(4)～(6)步,变换微地址和微指令代码,即可完成微存储器的写入操作。

微存储器读出操作：

(1)在 MANUAL UNIT 中,给/CLR 1 个单脉冲,使 MAIN CONTROL UNIT 初始化；

(2)MAIN CONTROL UNIT 右上角编程开关置"READ"状态；

(3)CLOCK UNIT 中的 RUN/STEP 开关置"STEP"状态；

(4)MANUAL UNIT 的 MA6－MA0 开关置当前微地址,比如"0000000"；

(5)CLOCK UNIT 中按下 START 按钮,此时,MAIN CONTROL UNIT 中 24 位微代码指示灯 MD23－MD0 显示当前地址代码。7 位微地址指示灯 MA6－MA0 显示当前微地址；

(6)重复(4)～(5)步,变换微地址,即可完成微存储器的读出检验操作。

实验内容 2 操作过程：

微指令执行操作：

(1)在 MANUAL UNIT 中,给/CLR 1 个单脉冲,使 MAIN CONTROL UNIT

初始化；

(2)MAIN CONTROL UNIT 右上角编程开关置"READ"状态；

(3)CLOCK UNIT 中的 RUN/STEP 开关置"STEP"状态；

(4)MANUAL UNIT 的 MA6—MA0 开关置 IN 指令的入口微地址"011 0000"；

(5)CLOCK UNIT 中按下 START 按钮，读出 IN 指令的第一条微指令代码；

(6)MAIN CONTROL UNIT 右上角编程开关置"RUN"状态。此时，MD23～MD0 显示第二条微指令代码，MA6～MA0 显示第二条微指令的微地址，记录该微地址；

(7)CLOCK UNIT 中反复按 START 按钮，可以看到 IN 指令的执行过程，将每执行一步微指令的微地址记录到如表 15-5 所示。

表 15-5

指令符号	IN	ADD	STA	OUT	JMP
指令功能	数据输入	算术加	数据保存	数据输出	跳转
微程序入口地址	30H	31H	32H	33H	34H
第 2 地址					
第 3 地址					
第 4 地址					
第 5 地址					
第 6 地址					
第 7 地址					

四、现代计组实验

时序电路实验

1. 建立顶层文件工程

(1)在 Quartus Ⅱ 环境中，新建 1 个项目，命名"clock"，注意其中芯片选择为"EP1C6Q240C8"。

(2)新建一个"Blok diagram/Schematic File"即图形文件，设计单步/连续脉冲发生器时序电路实验电路图如图 15.2 所示，保存为"clock. bdf"。

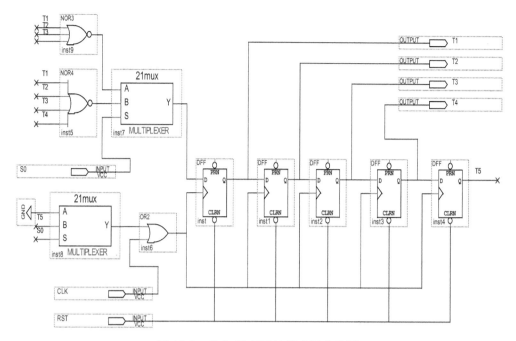

图 15.2　单步/连续脉冲发生器电路图

2. 编译

3. 仿真

(1)新建 1 个"Vector Waveform File"即仿真文件,保存为"clock. vwf"。

(2)仿真模式设置为"Functional"即功能仿真。

(3)在仿真界面中添加所需引脚,并设置各个输入信号的波形。

(4)创建功能仿真网表。

(5)开始仿真,查看仿真结果,验证单步/连续脉冲发生器时序电路功能。

4. 引脚锁定

5. 再次编译

6. 芯片编程 Programming(配置 configuration)

7. 验证单步/连续脉冲发生器时序电路脉冲输出状态

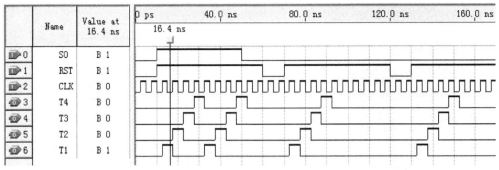

图 15.3 单步/连续脉冲发生器仿真运行波形图

微控制组成实验

1. 建立顶层文件工程

（1）在 Quartus Ⅱ 环境中，新建 1 个项目，命名"ucontroler"，注意其中芯片选择为"EP1C6Q240C8"。

（2）新建 1 个"Blok diagram/Schematic File"即图形文件，设计单步/连续脉冲发生器时序电路实验电路图如图 15-4 所示，保存为"ucontroler.bdf"。

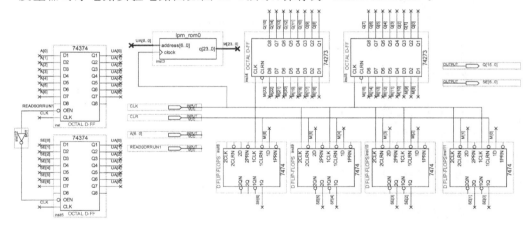

图 15.4 单步连续脉中发生器时序电路实验电路图

（3）rom 设置参考实验五中的 rom 设置。

2. 编译

3. 仿真

（1）新建 1 个"Vector Waveform File"即仿真文件，保存为"ucontroler.vwf"。

（2）仿真模式设置为"Functional"即功能仿真。

（3）在仿真界面中添加所需引脚，并设置各个输入信号的波形。

（4）创建功能仿真网表。

（5）开始仿真，查看仿真结果，验证单步/连续脉冲发生器时序电路功能。

4.引脚锁定

5.再次编译

6.芯片编程 Programming（配置 configuration）

7.验证单步/连续脉冲发生器时序电路脉冲输出状态

五、实验内容

（1）用手动方式将表 15-1 中的微指令写入到微存储器中，并逐个读出检验。

（2）表 15-5 给出了 5 条指令的微程序入口地址，单步执行该 5 条指令，将执行的每条微指令的微地址记录到表格中。

实验十六 简单模型机实验

一、实验目的

1. 了解计算机工作原理
2. 掌握指令执行过程
3. 掌握使用指令编写程序的方法

二、实验原理

1. 基础知识

简单模型机构架

实验箱简单模型机以总线为基本通道,主要包括之前单元实验中的各个部件。包括输入输出单元 IO UNIT,算术逻辑运算单元 ALU UNIT,存储器单元 MEM UNIT,地址寄存器单元 ADDRESS UNIT,通用寄存器单元 REG UNIT,指令寄存器单元 INS UNIT,微程序控制单元 MAIN CONTROL UNIT,如图 16.1 所示。

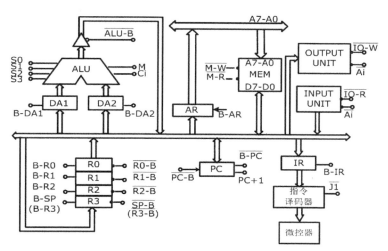

图 16.1

简单模型机指令系统

每个计算机都有自己的指令系统,实验箱模型机定义了 5 条指令。分别如下:

(1)输入指令。

助记符:IN DR PORTAR。

指令格式:二字节指令。

I7	I6	I5	I4	I3	I2	I1	I0
1	1	0	0	0	0	DR	
PORTAR							

指令功能:IN → DR。

功能说明:将端口地址为 PORTAR 的输入端数据,传输到通用寄存器 DR 中,其中实验箱 PORTAR 为 00000000,DR 可以为 00、01、10、11,分别对应 R0、R1、R2、R3 中的其中一个。

(2)加法指令。

助记符:ADD DR ADDR。

指令格式:二字节指令。

I7	I6	I5	I4	I3	I2	I1	I0
1	1	0	0	0	1	DR	
ADDR							

指令功能:DR+[ADDR]→DR。

功能说明:通用寄存器 DR 中的数据与地址为 ADDR 的内存单元中的数据相加后,传输到通用寄存器 DR 中。

(3)存数指令。

助记符:STA DR ADDR。

指令格式:二字节指令。

I7	I6	I5	I4	I3	I2	I1	I0
1	1	0	0	1	0	DR	
ADDR							

指令功能:DR→[ADDR]。

功能说明:通用寄存器 DR 中的数据传输到地址为 ADDR 的内存单元中。

(4)输出指令。

助记符:OUT ADDR PORTAR。

指令格式:三字节指令。

I7	I6	I5	I4	I3	I2	I1	I0
1	1	0	0	1	1	××	
ADDR							
PORTAR							

指令功能:[ADDR]→OUT。

功能说明:通用寄存器 DR 中的数据传输到端口地址为 PORTAR 的输出端,其中实验箱 PORTAR 为 00000000,××表示可取任意值。

(5)无条件跳转指令。

助记符:JUMP ADDR。

指令格式:二字节指令。

I7	I6	I5	I4	I3	I2	I1	I0
1	1	0	1	0	0	××	
ADDR							

指令功能:ADDR→PC。

功能说明:将 ADDR 赋值给程序计数器 PC,程序按新的 PC 指示的地址执行指令。

5条指令的定义如图16.2所示。可以看出,模型计算机的每条指令都是由数量不一的微指令组成。每条指令定义可分为2部分:一部分为取指操作;一部分为执行操作。

第一部分取指操作由3条微指令组成,微地址分别为01H、02H、03H。每条指令的取指操作都一样,属于公共部分。取指操作的作用是将内存中的指令的操作码取出来放入指令寄存器IR,经过指令译码后,获得该指令的微程序入口地址。

第二部分执行部分从该指令经指令译码后获得的微程序入口地址开始,根据不同的指令功能,执行不同的微指令。每条指令的执行部分都不一样,但最后一条微指令的下址都为01H,表示执行完毕,然后进行下一条指令的取指操作。

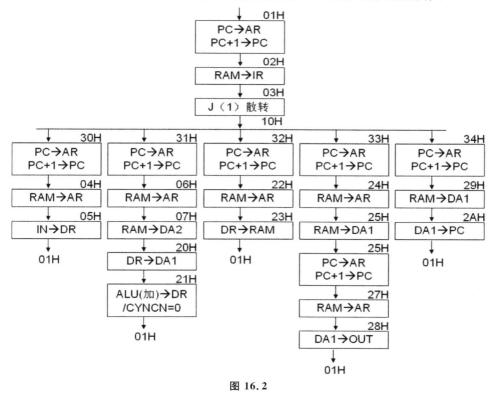

图 16.2

其中J(1)~J(5)为散转微地址形成电路,散转微地址形成规则如表16-1所示。

表 16-1

散转条件	散转微地址形成规则
J(1)条件成立	当指令码 I7 I6＝11 时 散转入口地址＝微代码下址(OR)0,1,0,I5,I4,I3,I2
	当指令码 I7 I6≠11 时 散转入口地址＝微代码下址(OR)0,0,0,I7,I6,I5,I4
J(2)条件成立	散转入口地址＝微代码下址(OR)0,0,0,0,0,I3,I2
J(3)条件成立	散转入口地址＝微代码下址(OR)0,0,0,0,0,KB,KA
J(4)条件成立	散转入口地址＝微代码下址(OR)0,0,0,0,0,FC,FZ
J(5)条件成立	散转入口地址＝微代码下址(OR)0,INT,0,0,0,0,0

三、实验过程

实验内容 1 操作过程：

（1）仿真方式：打开仿真软件，选择"仿真方式"，打开"简单模型机"文件，导入简单模型机的指令定义。在主存储器中输入指令代码，如表 16-2 所示。

（2）执行"下装"操作，执行"单步指令"，逐条检查指令执行情况；如果出错，执行"单步微指令"，逐条检查该指令包含的微指令；如果一切正常，执行"连续执行"，检验程序执行情况。

表 16-2

主存储器地址	指令码	助记符	指令功能
00H	C0H	IN R0 00	IN → R0
01H	00H		
02H	C4H	ADD R0 20	R0＋[20H]→R0
03H	20H		
04H	C8H	STA R0 20	R0 →[20H]
05H	20H		
06H	CCH	OUT 20 00	[20H]→OUT
07H	20H		
08H	00H		

续表

主存储器地址	指令码	助记符	指令功能
09H	D0H	JMP 00	00H→PC
0AH	00H		
……	……		
20H			

（3）联机主控方式：用串口线间实验箱与计算机串口相连，仿真软件中，选择"联机主控方式"。按照第（2）步方式执行并检查指令执行情况。

实验内容2操作过程：

（1）定义一条减法指令（SUB DR ADDR）。

a.先确定 SUB DR ADDR 指令的操作码，如 D4H，二进制为 11010100。

b.根据操作码，确定微程序入口地址，可知 SUB 指令的微程序入口地址为 35H（参考 J（1）散转规则）。

c.确定指令功能，画出微操作流程图，列出各个控制信号，如图 16.3 所示。

d.查译码表，将微操作转化为微指令，如表 16-3 所示，在简单模型机的基础上写入到微存储器中。

（2）在主存储器中输入指令代码，如表 16-4 所示。

（3）按内容一方法，先在"仿真方式"下执行并检查指令定义的错误问题，再在"联机主控方式"下执行并检查实验箱连线问题。

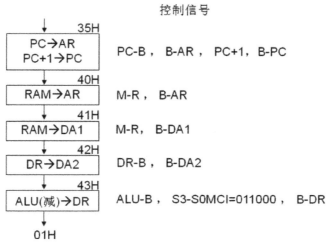

控制信号

图 16.3

表 16-3

微地址 十六进制	微代码 十六进制	BTO	OTB	FUNC	FS	S3－S0MCI	N	NEXT	微指令 功能注释
...	...	...	...	...	...	...	...	...	...
35H	DC4040H	110	111	000	1	000000	0	1000000	PC➔AR PC＝PC＋1
...	...	...	...	...	...	...	...	...	...
40H	C10041H	110	000	010	0	000000	0	1000001	RAM➔AR
41H	210042H	001	000	010	0	000000	0	1000010	RAM➔DA1
42H	500043H	010	100	000	0	000000	0	1000011	DR➔DA2
43H	841801H	100	001	000	0	011000	0	0000001	ALU(减)➔DR
...	...	...	...	...	...	...	...	...	...

表 16-4

主存储器地址	指令码	助记符	指令功能
00H	C0H	IN R0 00	IN➔R0
01H	00H		
02H	D4H	SUB R0 20	[20H]－R0➔R0
03H	20H		
04H	C8H	STA R0 20	R0➔[20H]
05H	20H		
06H	CCH	OUT 20 00	[20H]➔OUT
07H	20H		
08H	00H		
09H	D0H	JMP 00	00H➔PC
0AH	00H		
...	...	...	...
20H			

四、实验内容

(1)据简单模型机已经定义的 5 条指令,编程实现以下功能:

输入单元(20H)加上内存[20H],存放到地址为 20H 的内存中,并在 OUT 显示,循环累加。

(2)在已有的简单模型机的 5 条指令的基础上,再自己设计一条减法指令:

SUB DR ADDR([ADDR]−DR → DR),编程实现以下功能:

内存[20H]减去输入单元(20H),存放到地址为 20H 的内存中,并在 OUT 显示,循环累减。

实验十七　带移位模型机实验

一、实验目的

1. 掌握指令设计方法，自主设计指令
2. 掌握使用自己设计的指令编写程序的方法

二、实验原理

1. 基础知识

指令设计方法，以 SUB DR ADDR 指令为例：

（1）先确定指令的操作码，如 D4H，二进制为 11010100。

（2）根据操作码，确定微程序入口地址，可知 SUB DR ADDR 指令的微程序入口地址为 35H（参考 J(1)散转规则）。

（3）确定指令功能，画出微操作流程图，列出各个控制信号，如图 16.3 所示。

（4）查译码表，将微操作转化为微指令，如表 16-3 所示，在简单模型机的基础上写入到微存储器中。

（5）在试验台上调试完成。

2. 指令设计

在简单模型机的基础上，设计移位指令，可以根据自己的需要设计不同的功能，即使是相同的同能，也可以设计成不同的操作数，操作数可以是 DR，也可以是 RAM，操作数个数也可以根据需要而变化。比如以下 3 条指令都是循环左移指令，不同的定义，完成的功能也都不一样：

（1）循环左移指令。

助记符：RL DR。

指令格式：单字节指令。

I7	I6	I5	I4	I3	I2	I1	I0
1	1	0	1	1	0	DR	

指令功能:DR 循环左移→DR。

功能说明:将通用寄存器 DR 中的数据,循环左移一次后,仍保存到 DR 中。

微指令流程:

DR →299

299 循环左移→DR

(2)循环左移指令。

助记符:RL DR ADDR。

指令格式:二字节指令。

I7	I6	I5	I4	I3	I2	I1	I0
1	1	0	1	1	0	DR	
ADDR							

指令功能:DR 循环左移→[ADDR]。

功能说明:将通用寄存器 DR 中的数据,循环左移一次后,传输到地址为 ADDR 的内存单元中。

微指令流程:

PC →AR,PC=PC+1

RAM →AR

DR →299

299 循环左移→RAM

(3)循环左移指令。

助记符:RL ADDR1 ADDR2。

指令格式:三字节指令。

I7	I6	I5	I4	I3	I2	I1	I0
1	1	0	1	1	0	××	
ADDR1							
ADDR2							

指令功能:ADDR1 循环左移→[ADDR2]。

功能说明:将地址为 ADDR1 的内存中的数据,循环左移一次后,传输到地址为

ADDR2 的内存单元中。

微指令流程：

PC → AR, PC = PC + 1

RAM → AR

RAM → 299

PC → AR, PC = PC + 1

RAM → AR

299 循环左移 → RAM

三、实验内容

（1）在已有的简单模型机的 5 条指令的基础上，再自己定义一条或多条指令（操作码不要冲突），编程实现以下功能：

输出指示灯"00000001"（来源于 INPUT 单元）从左往右或从右往左循环移动。

（2）定义一条乘 5 指令，可以单字节指令或多字节指令，功能自定。

（3）编程序实现输出指示灯"00000001"（来源于 INPUT 单元）循环乘 5 输出。

实验十八　指令设计综合实验

一、实验目的

1. 掌握指令设计方法,自主设计指令
2. 掌握使用自己设计的指令编写程序的方法

二、实验原理

1. 指令设计

在简单模型机的基础上,设计以下 5 条指令。

(1)无借位减。

助记符:SUB DR ADDR。

指令格式:二字节指令。

I7	I6	I5	I4	I3	I2	I1	I0
1	1	0	1	0	1	DR	
ADDR							

指令功能:[ADDR]－DR ➔DR。

功能说明:地址为 ADDR 的内存单元中的数据,减去 DR 中的数据,保存到 DR 中。

微指令流程:

PC ➔AR,PC＝PC＋1

RAM ➔AR

RAM ➔DA1

DR ➔DA2

DA1－DA2 ➔DR

(2)带进位加。

助记符:ADDC DR ADDR。

指令格式:二字节指令。

I7	I6	I5	I4	I3	I2	I1	I0
1	1	0	1	1	0	DR	
ADDR							

指令功能:[ADDR]+DR+CY→DR。

功能说明:地址为 ADDR 的内存单元中的数据,加上 DR 中的数据,加上低端进位,保存到 DR 中。

微指令流程:

PC→AR,PC=PC+1

RAM→AR

RAM→DA1

DR→DA2

DA1+DA2+CY→DR

(3)C 条件转移。

助记符:JMPC ADDR。

指令格式:二字节指令。

I7	I6	I5	I4	I3	I2	I1	I0
1	1	0	1	1	1	××	
ADDR							

指令功能:若 CY=1,ADDR→PC。

功能说明:检查当前 CY 状态,如果 CY=1,则将 ADDR 数据直接放入 PC 寄存器,程序跳转;若 CY=0,则该指令不操作,程序顺序执行。

微指令流程:

PC→AR,PC=PC+1

RAM→299

PC→DA1

J(4)散转

(若 CY=1)DA1→PC

(若 CY=0)不操作

(4)寄存器加 1。

助记符:INC DR。

指令格式:单字节指令。

I7	I6	I5	I4	I3	I2	I1	I0
1	1	1	0	0	0	DR	DR

指令功能:DR+1 → DR。

功能说明:通用寄存器 DR 中的数据加 1 后保存。

微指令流程:

DR → DA1

DA1+1 → DR

(5)取数。

助记符:LDA DR ADDR。

指令格式:二字节指令。

I7	I6	I5	I4	I3	I2	I1	I0
1	1	1	0	0	1	DR	DR
ADDR							

指令功能:[ADDR] → DR。

功能说明:地址为 ADDR 的内存单元中的数据取出来,放入通用寄存器 DR 中。

微指令流程:

PC → AR,PC=PC+1

RAM → AR

RAM → DA1

DA1 → DR

三、实验内容

在已有的简单模型机的 5 条指令的基础上,再自己定义以上 5 条指令,编程实现以下功能:

地址为 20H 的内存单元中的数据(初始值为 0),加上开关中的一个数据(50H),存放到 20H 内存单元,并输出到 OUT 单元显示,并循环累加,当数据即将溢出时,转做减法操作,当减到即将溢出时,又做加法操作,如此循环。

实验十九　带中断模型机实验

一、实验目的

1. 掌握计算机中断的原理
2. 能独立定义一套新的机器指令,并用这些指令完成一个带中断功能的程序

二、实验原理

1. 基础知识

中断:指当出现需要时,CPU 暂时停止当前程序的执行转而执行处理新情况的程序和执行过程。即在程序运行过程中,系统出现了一个必须由 CPU 立即处理的情况,此时,CPU 暂时中止程序的执行转而处理这个新的情况的过程就叫作中断。

虽然 Win9X 已经有了 PNP(即插即用)功能,但是中断冲突仍然是不可避免的,其中最为容易发生冲突的就是 IRQ(Interrupt Request)、DMA(Direct Memory Access)和 I/O(INPUT/OUTPUT)。

中断的处理过程为:关中断(在此中断处理完成前,不处理其他中断)、保护现场、执行中断服务程序、恢复现场、开中断。

中断是计算机中的一个十分重要的概念,在现代计算机中毫无例外地都要采用中断技术。可以举一个日常生活中的例子来说明,假如你正在给朋友写信,电话铃响了。这时,你放下手中的笔,去接电话。通话完毕,再继续写信。这个例子就表现了中断及其处理过程:电话铃声使你暂时中止当前的工作,而去处理更为急需处理的事情(接电话),把急需处理的事情处理完毕之后,再回头来继续原来的事情。在这个例子中,电话铃声称为"中断请求",你暂停写信去接电话叫作"中断响应",接电话的过程就是"中断处理",相应地,在计算机执行程序的过程中,由于出现某个特殊情况(或称为"事件"),使得 CPU 中止现行程序,而转去执行处理该事

件的处理程序(俗称中断处理或中断服务程序),待中断服务程序执行完毕,再返回断点继续执行原来的程序,这个过程称为中断。

2. 实验原理

指令中断检测流程图如图 19.1 所示:

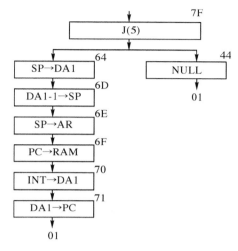

图 19.1 指令中断检测图

在简单模型计算机的基础上,当一条指令执行到最后一条微指令的时候,下址不再是 01H,而是 7FH,从 7FH 开始,进行中断检测,如没有检测到中断信号,则不做其他操作,如果检测到中断信号,则将当前 PC 保存到堆栈中(保护现场),然后将中断向量赋值给 PC,跳转到中断程序入口地址执行相应指令(执行中断)。

而返回主程序,则需要有专门的中断返回指令 IRET 来完成。将中断时保存在堆栈中的内存地址赋值给 PC(恢复现场),再将栈底加 1。

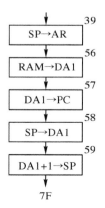

为便于理解带中断功能模型机,实验使用以下指令系统。

(1)基本指令 8 条,均为单字节指令,如表 19-1 所示。

表 19-1

序号	名称	助记符	指令格式码			功　　能
1	无进位加	ADD DR,SR	0000	SR	DR	(SR)+(DR)→DR
2	带进位加	ADC DR,SR	0001	SR	DR	(SR)+(DR)+CY→DR
3	无借位减	SUB DR,SR	0010	SR	DR	(SR)-(DR)→DR
4	带借位减	SUC DR,SR	0011	SR	DR	(SR)-(DR)-CY→DR
5	逻辑与	AND DR,SR	0100	SR	DR	(SR)∧(DR)→DR
6	逻辑或	OR DR,SR	0101	SR	DR	(SR)∨(DR)→DR
7	数据传送	MOV DR,SR	0110	SR	DR	(SR)→DR
8	暂停	HLT	0111	××	××	暂停运行,由中断跳出暂停

(2)变址类指令 4 条,均为双字节指令,如表 19-2 所示。

表 19-2

序号	名称	助记符	指令格式码				功　　能
1	加载数据	LDA DR,ADDR	10	MOD	00	DR	[EA]→DR
			ADDR				
2	存储数据	STA ADDR,DR	10	MOD	01	DR	DR→[EA]
			ADDR				
3	无条件转移	JMP ADDR	10	MOD	10	DR	[EA]→PC
			ADDR				
4	条件转移	JZC ADDR	10	MOD	11	DR	若 CY∨ZI=1,[EA]→PC 若 CY∨ZI=0,不操作
			ADDR				

MOD 为寻址方式。

MOD=00,EA=SI+ADDR,寄存器变址寻址。注:模型机中 SI 为 R2。

MOD=01,EA=PC+ADDR,相对寻址。

MOD=10,EA=ADDR,直接寻址。

MOD=11,EA=[ADDR],间接寻址。

(3)单字节扩展指令 12 条,如表 19-3 所示。

表 19-3

序号	名 称	助记符	指令格式码			功 能
1	循环右移	RR DR	11	0010	DR	(DR)循环右移→DR
2	循环左移	RL DR	11	0011	DR	(DR)循环左移→DR
3	带进位循环右移	RRC DR	11	0100	DR	(DR…CY)循环右移→DR
4	带进位循环左移	RRL DR	11	0101	DR	(DR…CY)循环左移→DR
5	开放中断	STI	11	0110	××	开放中断
6	寄存器内容加 1	INC	11	0111	DR	(DR)+1→DR
7	寄存器内容减 1	DEC	11	1000	DR	(DR)−1→DR
8	中断程序返回	IRET	11	1001	××	[SP]→PC,(SP)+1→SP
9	子程序返回	RET	11	1011	××	[SP]→PC,(SP)+1→SP
10	关闭中断	CLI	11	1100	××	关闭中断
11	寄存器内容压栈	PUSH DR	11	1101	DR	[SP]−1→SP,(DR)→[SP]
12	出栈送寄存器	POP DR	11	1110	DR	[SP]→DR,[SP]+1→SP

（4）双字节扩展指令 4 条,如表 19-4 所示。

表 19-4

序号	名称	助记符	指令格式码			功 能
1	数据输入	IN DR,PORTAR	11	0000	DR	[PORTAR]→DR
			PORTAR			
2	数据输出	OUT PORTAR,DR	11	0001	DR	[DR]→[PORTAR]
			PORTAR			
3	子程序调用	CALL ADDR	11	1010	××	ADDR→PC
			ADDR			
4	立即数送寄存器	MOVE DR, DATA	11	1111	DR	DATA→DR
			DATA			

以上是带中断的复杂模型机提供的 28 条指令。这些指令可以编写很多精彩的指令程序。

三．实验内容

用带中断模型机的 28 条指令，编写指令程序实现以下功能：运行程序，中断，输入第一个数据，继续运行程序，中断，输入第二个数据，相加后再 OUT 单元输出显示。

附录 A　数字逻辑实验箱通用电路说明

1. 二一十进制七段译码显示器

二一十进制七段译码显示器共六位,每位分 Da、Db、Dc、Dd、De、Df 和 Dg 七段,译码器采用 CD4511,显示器采用共阴 0.5 英寸显示器。译码器的输入端对应于每一位的 8、4、2、1 插孔。另有 4 个小数点,每个小数点串入一只限流电阻。图附 A.1 为二一十进制七段译码显示器电路图。

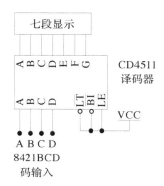

图附 A.1

2. 十六位二进制 0、1 电平显示器

0、1 电平显示器如图附 A.2 所示,由三块 74LS04 电路驱动发光二极管。当输入端为高电平时,对应的发光二极管亮,表示逻辑 1,当输入端为低电平时,对应的发光二极管不亮,表示逻辑 0。

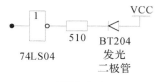

图附 A.2

3.十六位逻辑开关

逻辑电平开关由十六个开关电路组成,其电路如图附 A.3,当开关往上打开时,产生逻辑高电平 1,当开关往下打开时,产生逻辑低电平 0。

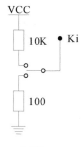

图附 A.3

4.单脉冲电路

单脉冲电路有三个,其中 P1、P2、P3 单脉冲电路采用消抖动的 RS 电路,电路如图附 A.4 所示,每按一下单脉冲键,产生正负脉冲各一个。

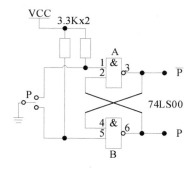

图附 A.4

5.时钟电路

时钟电路由 16M 晶振、74LS04、74LS74 等元件组成,其电路如图附 A.5A 所示,由 16M 晶振、74LS04 等元件组成振荡电路,再由 74LS74 电路分频整形输出,输出 2MHz、1MHz、500KHz 方波信号,再由 1M 方波信号经 6 级十进制分频,产生 100KHz、10KHz、1KHz、100Hz、10Hz、1Hz 方波信号,如图附 A.5B 所示。

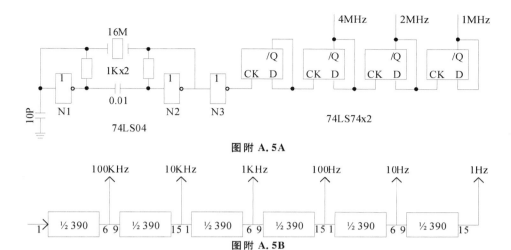

图附 A.5A

图附 A.5B

6. 时序发生器及启停电路

时序发生器及启停电路如图附 A.6A 所示，MF 为时钟输入端，时钟频率可从 1MHz、100KHz 中选择一个连接。TJ 开关为单拍和连续输出时序信号选择开关，当开关往上打开时，输出单拍的时序信号；当开关往下打开时，输出连续的时序信号。时钟选择信号默认时一般接在 1M 位置。图附 A.6B 为时序信号输出波形图。

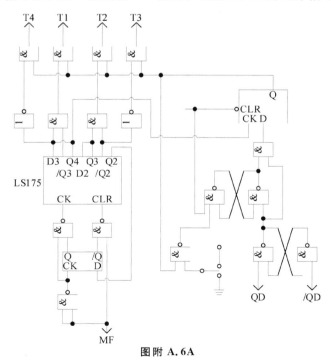

图附 A.6A

图附 A. 6B

附录 B   EDA 实验箱功能说明

一、实验电路信号资源符号图说明

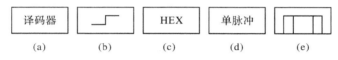

图附 B.1   实验电路信号资源符号图

结合图附 B.1,以下对实验电路结构图中出现的信号资源符号功能做出一些说明:

(1)图附 B.1(a)是十六进制 7 段全译码器,它有 7 位输出,分别接 7 段数码管的 7 个显示输入端:a、b、c、d、e、f 和 g;它的输入端为 D、C、B、A,D 为最高位,A 为最低位。例如,若所标输入的口线为 PIO19~16,表示 PIO19 接 D、18 接 C、17 接 B、16 接 A。

(2)图附 B.1(b)是高低电平发生器,每按键一次,输出电平由高到低、或由低到高变化一次,且输出为高电平时,所按键对应的发光管变亮,反之不亮。

(3)图附 B.1(c)是十六进制码(8421 码)发生器,由对应的键控制输出 4 位二进制构成的 1 位十六进制码,数的范围是 0000~1111,即 ˉH0 至 ˉHF。每按键一次,输出递增 1,输出进入目标芯片的 4 位二进制数将显示在该键对应的数码管上。

(4)直接与 7 段数码管相连的连接方式的设置是为了便于对 7 段显示译码器的设计学习。以图 NO.2 为例,如图所标"PIO46—PIO40 接 g、f、e、d、c、b、a"表示 PIO46、PIO45...PIO40 分别与数码管的 7 段输入 g、f、e、d、c、b、a 相接。

(5)图附 B.1(d)是单次脉冲发生器。每按一次键,输出一个脉冲,与此键对应的发光管也会闪亮一次,时间为 20ms。

(6)图附 B.1(e)是琴键式信号发生器,当按下键时,输出为高电平,对应的发光管发亮;当松开键时,输出为高电平,此键的功能可用于手动控制脉冲的宽度。具有琴键式信号发生器的实验结构图是 NO.3。

二、各实验电路结构图特点与适用范围简述

（1）结构图 NO.0：

目标芯片的 PIO19 至 PIO44 共 8 组 4 位二进制码输出，经外部的 7 段译码器可显示于实验系统上的 8 个数码管。键 1 和键 2 可分别输出 2 个四位二进制码。一方面这四位码输入目标芯片的 PIO11～PIO8 和 PIO15～PIO12，另一方面，可以观察发光管 D1 至 D8 来了解输入的数值。例如，当键 1 控制输入 PIO11～PIO8 的数为~HA 时，则发光管 D4 和 D2 亮，D3 和 D1 灭。电路的键 8 至键 3 分别控制一个高低电平信号发生器向目标芯片的 PIO7 至 PIO2 输入高电平或低电平，扬声器接在"SPEAKER"上，具体的输入频率，可参考主板频率选择模块。此电路可用于设计频率计，周期计，计数器等等。

（2）结构图 NO.1：

适用于作加法器、减法器、比较器或乘法器等。例如，加法器设计，可利用键 4 和键 3 输入 8 位加数；键 2 和键 1 输入 8 位被加数，输入的加数和被加数将显示于键对应的数码管 4－1，相加的和显示于数码管 6 和 5；可令键 8 控制此加法器的最低位进位。

（3）结构图 NO.2：

可用于作 VGA 视频接口逻辑设计，或使用数码管 8 至数码管 5 共 4 个数码管作 7 段显示译码方面的实验；而数码管 4 至数码管 1，4 个数码管可作译码后显示，键 1 和键 2 可输入高低电平。

（4）结构图 NO.3：

特点是有 8 个琴键式键控发生器，可用于设计八音琴等电路系统，也可以产生时间长度可控的单次脉冲。该电路结构同结构图 NO.0 一样，有 8 个译码输出显示的数码管，以显示目标芯片的 32 位输出信号，且 8 个发光管也能显示目标器件的 8 位输出信号。

（5）结构图 NO.4：

适合于设计移位寄存器、环形计数器等。电路特点是，当在所设计的逻辑中有串行二进制数从 PIO10 输出时，若利用键 7 作为串行输出时钟信号，则 PIO10 的串行输出数码可以在发光管 D8 至 D1 上逐位显示出来，这能很直观地看到串出的数值。

（6）结构图 NO.5：

此电路结构有较强的功能，主要用于目标器件与外界电路的接口设计实验。主要包含 9 大模块：

1）普通内部逻辑设计模块：

在图的左下角。此模块与以上几个电路使用方法相同,例如同结构图 NO.3 的唯一区别是 8 个键控信号不再是琴键式电平输出,而是高低电平方式向目标芯片输入。此电路结构可完成许多常规的实验项目。

2)RAM/ROM 接口:

在图左上角,此接口对应于主板上,有 1 个 32 脚的 DIP 座,在上面可以插 RAM,也可插 ROM。此 32 脚座的各引脚与目标器件的连接方式示于图上,是用标准引脚名标注的,如 PIO48(第 1 脚)、PIO10(第 2 脚)、OE 控制为 PIO62 等等。注意,RAM/ROM 的使能 CS1 由主系统左边的拨码开关"1"控制。

3)VGA 视频接口。

4)两个 PS/2 键盘接口。

5)A/D 转换接口。

6)D/A 转换接口。

7)LM311 接口。

8)单片机接口。

9)RS232 通信接口。

(7)结构图 NO.6:

此电路与 NO.2 相似,但增加了两个 4 位二进制数发生器,数值分别输入目标芯片的 PIO7~PIO4 和 PIO3~PIO0。例如,当按键 2 时,输入 PIO7~PIO4 的数值将显示于对应的数码管 2,以便了解输入的数值。

(8)结构图 NO.7:

此电路适合于设计时钟、定时器、秒表等。因为可利用键 8 和键 5 分别控制时钟的清零和设置时间的使能;利用键 7、5 和 1 进行时、分、秒的设置。

(9)结构图 NO.8:

此电路适用于作并进/串出或串进/并出等工作方式的寄存器、序列检测器、密码锁等逻辑设计。它的特点是利用键 2、键 1 能序置 8 位二进制数,而键 6 能发出串行输入脉冲,每按键一次,即发一个单脉冲,则此 8 位序置数的高位在前,向 PIO10 串行输入一位,同时能从 D8 至 D1 的发光管上看到串形左移的数据,十分形象直观。

(10)结构图 NO.9:

若欲验证交通灯控制等类似的逻辑电路,可选此电路结构。

(11)当系统上的"模式指示"数码管显示"A"时,系统将变成一台频率计,数码管 8 将显示"F","数码 6"至"数码 1"显示频率值,最低位单位是 Hz。测频输入端为系统板右下侧的插座。

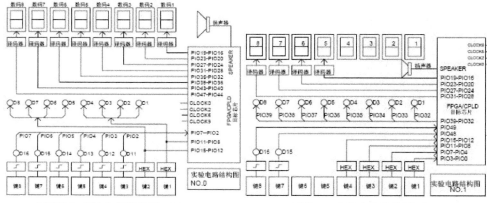

图附B.2 实验电路结构图NO.0

图附B.3 实验电路结构图NO.1

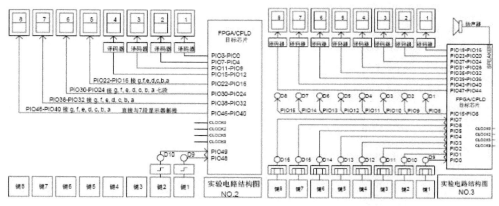

图附B.4 实验电路结构图NO.2

图附B.5 实验电路结构图NO.3

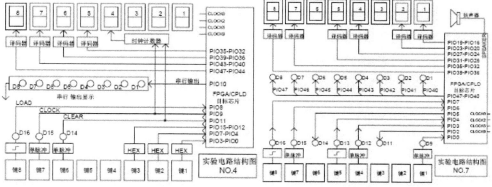

图附B.6 实验电路结构图NO.4

图附B.7 实验电路结构图NO.7

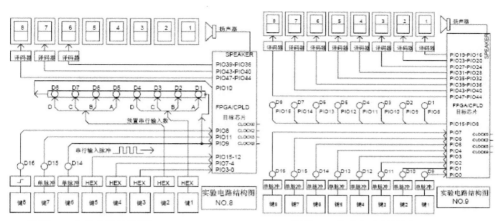

图附B.8 实验电路结构图NO.8   图附B.9 实验电路结构图NO.9

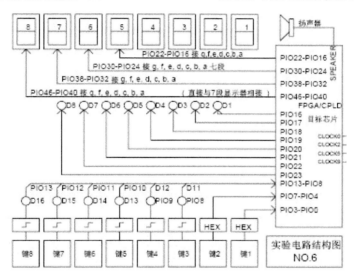

图附B.10 实验电路结构图NO.6

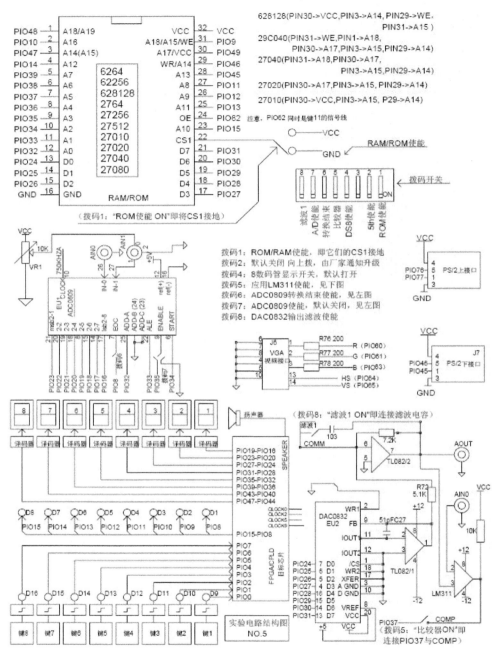

图附B.11 实验电路结构图NO.5

附录 C　常用集成电路芯片引脚排列说明

常用芯片的引脚功能：

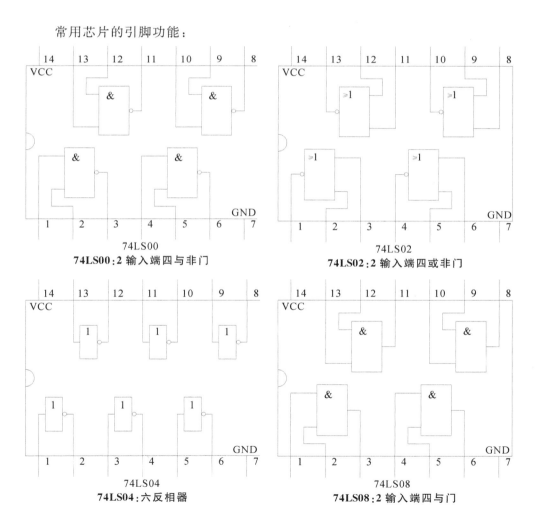

74LS00
74LS00:2 输入端四与非门

74LS02
74LS02:2 输入端四或非门

74LS04
74LS04:六反相器

74LS08
74LS08:2 输入端四与门

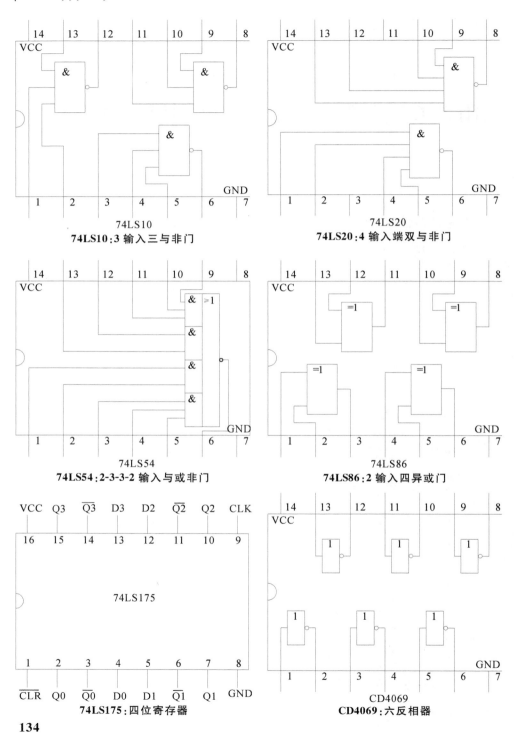

74LS10
74LS10:3 输入三与非门

74LS20
74LS20:4 输入端双与非门

74LS54
74LS54:2-3-3-2 输入与或非门

74LS86
74LS86:2 输入四异或门

74LS175
74LS175:四位寄存器

CD4069
CD4069:六反相器

◆ 74LS74：双上升沿触发 D 触发器

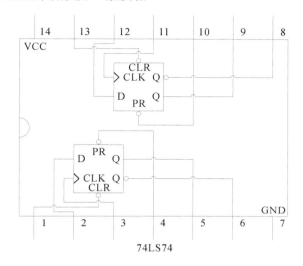

74LS74

功能表

输　入				输　出	
$\overline{PR}$	$\overline{CLR}$	CLK	D	Q	$\overline{Q}$
0	1	x	x	1	0
1	0	x	x	0	1
0	0	x	x	1 *	1 *
1	1	⌐	1	1	0
1	1	⌐	0	0	1
1	1	0	x	Q_0	$\overline{Q_0}$

＊—表示状态不确定
x—表示 1 或 0 都可以

135

◆ 74LS112：双下降沿触发 J—K 触发器

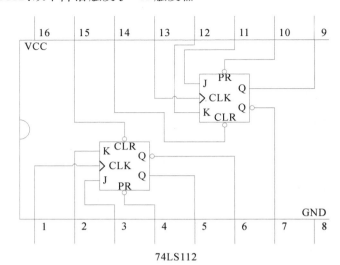

74LS112

功能表

输　入					输　出	
$\overline{PR}$	$\overline{CLR}$	CLK	J	K	Q	$\overline{Q}$
0	1	x	x	x	1	0
1	0	x	x	x	0	1
0	0	x	x	x	1 *	1 *
1	1	⌐	0	0	Q_0	$\overline{Q_0}$
1	1	⌐	1	0	1	0
1	1	⌐	0	1	0	1
1	1	⌐	1	1	取反	
1	1	1	x	x	Q_0	$\overline{Q_0}$

＊—表示状态不确定
x—表示 1 或 0 都可以

◆ 74LS138：三—八译码器

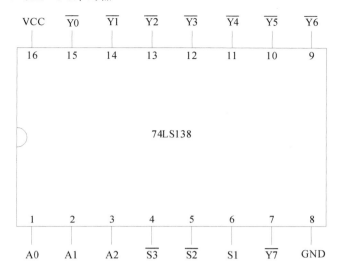

真值表：

输 入					输 出							
S_1	$\overline{S_2}+\overline{S_3}$	A_2	A_1	A_0	$\overline{Y_0}$	$\overline{Y_1}$	$\overline{Y_2}$	$\overline{Y_3}$	$\overline{Y_4}$	$\overline{Y_5}$	$\overline{Y_6}$	$\overline{Y_7}$
0	x	x	x	x	1	1	1	1	1	1	1	1
x	1	x	x	x	1	1	1	1	1	1	1	1
1	0	0	0	0	0	1	1	1	1	1	1	1
1	0	0	0	1	1	0	1	1	1	1	1	1
1	0	0	1	0	1	1	0	1	1	1	1	1
1	0	0	1	1	1	1	1	0	1	1	1	1
1	0	1	0	0	1	1	1	1	0	1	1	1
1	0	1	0	1	1	1	1	1	1	0	1	1
1	0	1	1	0	1	1	1	1	1	1	0	1
1	0	1	1	1	1	1	1	1	1	1	1	0

x—表示 1 或 0 都可以

◆ 74LS153:双 4 选 1 数据选择器

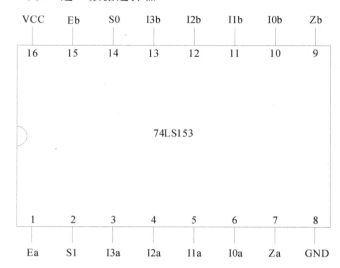

真值表

选择输入		输 入					输 出
S0	S1	$\overline{E}$	I0	I1	I2	I3	Z
x	x	1	x	x	x	x	0
0	0	0	0	x	x	x	0
0	0	0	1	x	x	x	1
1	0	0	x	0	x	x	0
1	0	0	x	1	x	x	1
0	1	0	x	x	0	x	0
0	1	0	x	x	1	x	1
1	1	0	x	x	x	0	0
1	1	0	x	x	x	1	1

x—表示 1 或 0 都可以

138

◆ 74LS194：四位双向通用移位寄存器

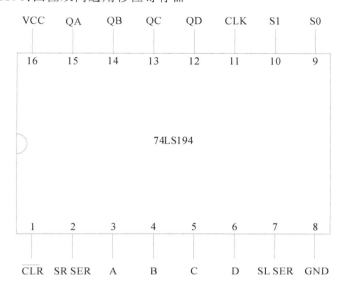

功能表

CLK	$\overline{\text{CLR}}$	S1	S0	功能	$Q_D Q_C Q_B Q_A$
x	0	x	x	清除	$\overline{\text{CLR}}=0$ 时，$Q_D Q_C Q_B Q_A = 0000$，正常工作时，$\overline{\text{CLR}}$ 置 1
↑	1	1	1	送数	$Q_D Q_C Q_B Q_A = DCBA$，此时串行数据 SR，SL 被禁止
↑	1	0	0	右移	$Q_D Q_C Q_B Q_A = D_{SR} DCB$
↑	1	1	0	左移	$Q_D Q_C Q_B Q_A = CBAD_{SL}$
↑	1	0	0	保持	$Q_D Q_C Q_B Q_A = D^n C^n B^n A^n$

◆ 74LS290：二—五—十进制计数器

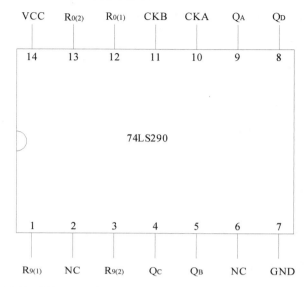

将输出 Q_A 端接到输入 B 端可以组成 BCD 计数器

计 数	输 出			
	Q_D	Q_C	Q_B	Q_A
0	0	0	0	0
1	0	0	0	1
2	0	0	1	0
3	0	0	1	1
4	0	1	0	0
5	0	1	0	1
6	0	1	1	0
7	0	1	1	1
8	1	0	0	0
9	1	0	0	1

将输出 Q_D 端接到输入 A 端可以组成二—五进制计数器

计 数	输 出			
	Q_A	Q_D	Q_C	Q_B
0	0	0	0	0
1	0	0	0	1
2	0	0	1	0
3	0	0	1	1
4	0	1	0	0
5	1	0	0	0
6	1	0	0	1
7	1	0	1	0
8	1	0	1	1
9	1	1	0	0

附录 D　数字集成电路型号命名规则

一、国产集成电路命名规则

（一）TTL 集成电路

自 1976 年国内各有关生产单位按电子工业部颁发的部标准——《半导体集成电路 TTL 电路系列和品种》进行生产 TTL 电路后,我国的 TTL 集成电路才有统一的型号,这就是 T000 系列。

1977 年我国又选取了与国际 54/74TTL 电路系列完全一致的品种作为优选系列品种,并采用了统一的型号,即 T0000 系列。T000 和 T0000 系列以外的型号,诸如 7MY23MY23、SM3108……均为各生产厂自行采用的型号。

现将 T000 系列及 T0000 系列电路型号的组成及含义简述如下:

1. T000 系列

例:T　063　A　B

　　(1)　(2)　(3)　(4)

说明:

(1)表示 TTL 集成电路。

(2)表示系列品种代号。

(3)表示开关参数分档:

A:低档;

B:高档。

(4)表示封装形式:

A:陶瓷扁平;

B:塑料扁平;

C:陶瓷双列直插;

D:塑料双列直插。

2. T0000 系列

例：T   4   020   M   D
    (1) (2) (3) (4) (5)

(1)表示 TTL 电路。

(2)表示系列品种代号，其中：

标准系列(1000)，同国际 54/74 系列；

高速系列(2000)，同国际 54H/74H 系列；

肖特基系列(3000)，同国际 54S/74S 系列；

低功耗肖特基系列(4000)，同国际 54LS/74LS 系列。

(3)表示品种代号，和国际一致。

(4)表示工作温度范围：

C：0～+75℃，同国际 74 系列电路的工作温度范围；

M：−55～+125℃，同国际 54 系列电路的工作温度范围。

(5)表示封装形式：

B：塑料扁平；

D：陶瓷双列直插；

F：全密封扁平；

J：黑陶瓷双列直插；

W：陶瓷扁平。

(二)CMOS 集成电路

CMOS 器件主要分以下 2 个系列

(1)工作电压 3～18V 的 C4000 系列，其引脚功能排列与国外相应序号的品种一致。此外，还有一些 C14000 系列，也和国外相应品种序号相同。

(2)工作电压为 7～15V 的 C000 系列，其引脚功能排列符合电子工业部 SJ1527-79 标准的规定。

(三)电路封装结构和引脚排列

集成器件有扁平和双列直插两种封装形式，使用时必须确定器件的正方向。

扁平式的正方向是以印有器件型号字样为标志的，使用者观察字是正的为正方向，双列直插式是以一个凹口(或一个小圆孔)置于使用者左侧时为正方向，正方向确定后，器件的左下脚为第一脚，依次逆时针方向读数。

二、国外集成电路规范

(一)国外生产 TTL 集成电路部分主要公司及其产品型号前缀如表附 D-1 所示。

表附 D-1　TTL 集成电路型号前缀

国　别	公司名称	代　　号	型号前缀
美国	德州仪器公司	TEXAS	SN
美国	摩托罗拉公司	MOTOROLA	MC
美国	国家半导体公司	NATIAONAL	DM
日本	日立公司	HITACHI	HD

（二）国外生产 CMOS 集成电路部分主要公司及其产品型号前缀如表附 D-2 所示。

表附 D-2　CMOS 集成电路型号前缀

国　别	公司名称	代　　号	型号前缀
美国	美国无线电公司	RAC	CD
美国	摩托罗拉公司	MOTA	MC
美国	国家半导体公司	NSC	CD
美国	仙童公司	FSC	F
美国	德州仪器公司	TI	TP
日本	东芝公司	TOSJ	TC
日本	日本电气公司	NEC	μPD
日本	日立公司		HD
日本	富士通公司		MB
荷兰	飞利浦公司		HFE
加拿大	密特尔公司		MD

（三）TTL 集成电路

国外常用的 5400/7400 系列是国外最流行的通用器件。7400 系列器件为民用品,而 5400 系列器件为军用品,两者之间的差别仅在于温度范围,即 7400 系列工作温度范围为 0～70℃,5400 系列的工作温度范围为 -55～120℃。

TTL 集成电路分 5 大类如表附 D-3 所示,是 7400 系列的分类情况,若将表中 74 换成 54 就是 5400 系列的分类表。

表附 D-3　TTL 集成电路分类表

种　类	字　头	举　例
标准 TTL	74—	7400,74161

种　　类	字　　头	举　　例
高速 TTL	74H—	74H00,74H161
低功耗 TTL	74L—	74L00,74L161
肖特基 TTL	74S—	74S00,74S161
低功耗肖特基 TTL	74LS—	74LS00,74LS161

（四）CMOS 集成电路

CMOS 集成电路有 4000、40000 系列和 14000 系列，它们的工作电压均为 3～18V（国产 C000 系列的工作电压范围分 3 类，即 8～12V、7～15V 和 3～18V）。

无论是 TTL 的 5400/7400 系列，还是 CMOS 的 4000、40000 系列和 14000 系列，只要在它们的型号前面加上前缀，就表明是某公司的产品。例如在 5400/7400 系列型号前冠有 SN，则表示美国德克萨斯公司的标准 TTL 集成电路。若在 4000、40000 和 14000 系列型号前冠有 HD，则表明该器件是日本日立公司的 CMOS 集成电路。

附录 E　硬件描述语言 VHDL 简介

VHDL 起源于美国国防部的 VHSIC,VHDL 语言是一种高级描述语言,适用于行为级和 RTL 级的描述,最适于描述电路的行为,VHDL 进行电子系统设计时可以不了解电路的结构细节,设计者所做的工作较少,VHDL 语言源程序的综合通常要经过行为级→RTL 级→门电路级的转化,VHDL 几乎不能直接控制门电路的生成。

VHDL 的英文全名是 Very-High-Speed Integrated Circuit Hardware Description Language 自 IEEE 公布了 VHDL 的标准版本(IEEE－1076)之后,各 EDA 公司相继推出了自己的 VHDL 设计环境,或宣布自己的设计工具可以和 VHDL 接口。此后,VHDL 在电子设计领域得到了广泛的接受,并逐步取代了原有的非标准硬件描述语言。1993 年,IEEE 对 VHDL 进行了修订,从更高的抽象层次和系统描述能力上扩展 VHDL 的内容,公布了新版本的 VHDL,即 IEEE 标准的 1076－1993 版本。

VHDL 主要用于描述数字系统的结构、行为、功能和接口。除了含有许多具有硬件特征的语句外,VHDL 的语言形式、描述风格与句法十分类似于一般的计算机高级语言。VHDL 的程序结构特点是将一项工程设计,或称设计实体(可以是一个元件、一个电路模块或一个系统)分成外部(或称可视部分,即端口)和内部(或称不可视部分,即设计实体的内部功能和算法完成部分)。在对一个设计实体定义了外部界面后,一旦其内部开发完成后,其他的设计就可以直接调用这个实体。这种将设计实体分成内外部分的概念是 VHDL 系统设计的基本点,如图附 E.1 所示。

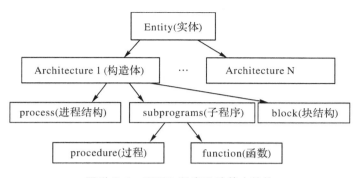

图附 E.1　VHDL 程序设计基本结构

一、VHDL 设计单元（可以独立编译）

1. 实体(ENTITY)

格式：

Entity　实体名　IS

［类属参数说明］

［端口说明］

End Entity；

其中端口说明格式为：

PORT(端口名 1,端口名 N:方向类型)

其中方向有：IN，OUT，INOUT，BUFFER，LINKAGE

IN 信号只能被引用，不能被赋值，即：IN 信号不可以出现在＜＝或:＝的左边；

OUT 信号只能被赋值，不能被引用，即:OUT 信号不可以出现在＜＝或:＝的右边；

BUFFER 信号可以被引用，也可以被赋值，即:BUFFER 信号可以出现在＜＝或:＝的两边。

2. 结构体(ARCHITECTURE)

格式：

Arcthitecture 构造体名 of 实体名　is

［定义语句］内部信号、常数、元件、数据类型、函数等的定义

begin

［并行处理语句和 block、process、function、procedure］

end 构造体名；

除了 entity(实体)和 architecture(构造体)外还有另外 3 个可以独立进行编译的设计单元。

3. 包集合(PACKAGE)

属于库结构的一个层次,存放信号定义、常数定义、数据类型、元件语句、函数定义和过程定义。

4. Package Body

具有独立对端口(port)的 package。

5. 配置(configuration)

描述层与层之间的连接关系以及实体与构造体之间关系。

二、VHDL 对象、操作符、数据类型

1. 对象(object)

对客观实体的抽象和概括,VHDL 中的对象有:Constant(常量)在程序中不可以被赋值;Variable(变量)在程序中可以被赋值(用":="),赋值后立即变化为新值;Signal(信号)在程序中可以被赋值(用"<="),但不立即更新,当进程挂起后,才开始更新。

variable 只能定义在 process 和 subprogram(包括 function 和 procedure)中,不可定义在外部。signal 不能定义在 process 和 subprogram(包括 function 和 procedure)中,只可定义在外部。

类似于其它面向对象的编程语言如 VB、VC、DELPHI。

用法格式:对象'属性。

例子:clk'event　　　－－ 表明信号 clk 的 event 属性

常用的属性:

Signal 对象的常用属性有:

event:返回 boolean 值,信号发生变化时返回 true。

last_value:返回信号发生此次变化前的值。

last_event:返回上一次信号发生变化到现在变化的间隔时间。

delayed[(时延值)]:使信号产生固定时间的延时并返回。

stable[(时延值)]:返回 boolean,信号在规定时间内没有变化返回 true。

transaction:返回 bit 类型,信号每发生一次变化,返回值翻转一次。

信号的 event 和 last_value 属性经常用来确定信号的边沿。

例如:

判断 clk 的上升沿:

if ((clk'event) and (clk ='1') and (clk'last_value ='0')) then

判断 clk 的下降沿。

if ((clk'event) and (clk ='0') and (clk'last_value ='1')) then.

(2)VHDL 的基本类型

bit(位):'0' 和 '1'。

bit—Vector(位矢量):例如:"00110"

Boolean:"ture"和"false"

time:例如:1 us、100 ms,3 s

character:例如:'a'、'n'、'1'、'0'

string:例如:"sdfsd""my design"

integer:32 位,例如:1,234、—2134234

real:范围—1.0E38～+1.0E38,例如:1.0、2.834、3.14、0.0。

natural:自然数和正整数

senverity level:(常和 assert 语句配合使用),包括:note、warning、error、failure。

以上 10 种类型是 VHDL 中的标准类型,在编程中可以直接使用。使用这十种以外的类型,需要自行定义或指明所引用的 Library(库)和 Package(包)集合。

3.VHDL 的基本操作

分逻辑操作符、关系操作符、数学运算符。

逻辑操作符包括:and、nor、xor、nand、or,以及 not。

关系操作符包括:<、>、=、<=、≥、/=。

数学运算符包括:+、—、*、/、**、abs、mod、rem。

VHDL 属于强类型,不同类型之间不能进行运算和赋值,但可以进行数据类型转换,vector 也不表示 number,array 不表示 number。

三、VHDL 中的控制语句及模块

1.基本概念

并行处理(concurrent):

语句的执行与书写顺序无关,并行块内的语句时同时执行的。

顺序处理(sequential):

语句的执行按书写的先后次序,从前到后顺序执行。这种方式和其他普通编程语言(如 c,pascal)是一样的。

Architecture 中的语句及子模块之间是并行处理的。

子模块 block 中的语句是并行处理的。

子模块 process 中的语句是顺序处理的。

子模块 subprogram 中的 function 和 procedure 是顺序处理的。

Block 格式：

块名：

        BLOCK

        ［定义语句］

    begin

        ［并行处理语句 concurrent statement］

    end block　块名

条件 Block 格式：

块名：

        BLOCK　［(布尔表达式)］

        ［定义语句］

    begin

        ［并行处理语句 concurrent statement

        ［信号］<= guarded　［信号，延时］;

    end block　块名

Process 格式：

［进程名:］

    process　［(触发信号列表)］

    ［定义语句;］

    begin

        ［串行处理语句 sequential statement;］

    end process

Function(函数)格式：

    function 函数名(参数 1,参数 2 ……)

        ［定义语句］

    return 数据类型名 is　［定义语句］

    begin

        ［顺序执行语句］

        return［返回变量名］

    end 函数名

procedure(过程)格式：

    procedure 过程名(参数 1,参数 2 ⋯⋯)is

        [定义语句]

    begin

        [顺序执行语句]

    end 过程名

2. 顺序执行语句 sequential statement

包括：Wait 语句、assert 语句、If 语句、case 语句、for loop 语句、while 语句。

Wait 语句：

书写格式

    wait；—— 无限等待

    wait on [信号列表]；—— 等待信号变化

    wait until [条件]；—— 等待条件满足

    wait for [时间值]；—— 等待时间到

功能：wait 语句使系统暂时挂起(等同于 end process)，此时，信号值开始更新。条件满足后，系统将继续运行。

Assert 语句格式：

    assert 条件 [report 输出信息] [severity]

    说明：条件为 true 时执行下一条语句，为 false 时输出错误信息和错误的
    严重级别。

例子

    ……

    assert(sum＝100)report "sum /＝100" severity error；

    next statement

    ……

If 语句格式：

    if 条件 then

        [顺序执行语句]

    [else]

        [顺序执行语句]

    end if

或者：

```
if 条件 then
    ［顺序执行语句］
［elsif］
    ［顺序执行语句］
［elsif］
    ［顺序执行语句］
    ……
［else］
end if
```

Case 语句格式：

```
Case 表达式 is
    when    条件表达式＝＞顺序处理语句
    when    条件表达式＝＞顺序处理语句
    …….
    when    others＝＞顺序处理语句
end case
```

原则：1. 完全性：表达式所有可能的值都必须说明，可以用 others。

2. 唯一性：相同表达式的值只能说明一次。

For loop 语句格式：

```
For 循环变量 in 范围 loop
    ［顺序处理语句］
end loop
```

注意：循环变量不需要定义（声明）。

在 loop 语句中可以用 next 来跳出本次循环，也可以用 exit 来结束整个循环状态。

next 格式：next ［标号］［when 条件］；

exit 格式：exit   ［标号］［when 条件］；

While 语句格式：

```
while 条件 loop
    ［顺序处理语句］
end loop
```

3.并行处理语句 concurrent statement

包括:信号赋值操作、带条件的信号赋值语句、带选择的信号赋值语句。

信号赋值操作:

符号"<="进行信号赋值操作的,它可以用在顺序执行语句中,也可以用在并行处理语句中。

注意:1.用在并行处理语句中时,符号<=右边的值是此条语句的敏感信号,即符号<=右边的值发生变化就会重新激发此条赋值语句,也即符号<=右边的值不变化时,此条赋值语句就不会执行。如果符号<=右边是常数则赋值语句一直执行。

2.用在顺序执行语句中时,没有以上说法。

赋值语句例子:

```
Myblock:Block
begin
    clr<='1' after 10 ns;
    clr<='0' after 20 ns;
end block myblock
```

程序执行 10 ns 后 clr 为 1,又过 10 ns 后 0 赋给了 clr,此时 clr 以前的值 1 并没有清掉,clr 将出现不稳定状态。

```
process
begin
    clr<='1' after 10 ns;
    clr<='0' after 20 ns;
end block myblock
```

程序执行 10 ns 后 clr 为 1,又过 20 ns 后 clr 的值变为 0。

条件信号带入语句格式:

```
目的信号量   <= 表达式 1   when   条件 1
                 else   表达式 2 when 条件 2
                 else   表达式 3 when 条件 3
                 ……
                 else   表达式 4
```

🖊 **注意**：最后的 Else 项是必须的；满足完全性和唯一性。

条件信号带入语句例子：

```
Block
begin
    sel<=b & a；
    q<=ain    when sel="00"
              else bin when sel="01"
              else cin    when sel="10"
              else din when sel="11"
              else xx；
end block
```

选择信号带入语句格式：

```
with    表达式    select
目的信号量    <= 表达式 1    when    条件 1，
              表达式 2 when 条件 2，
              …..
              表达式 n    when 条件 n；
```

选择信号带入语句例子：

```
Block
begin
with    sel select
    q<=ain    when sel="00"，
        bin when sel="01"，
        cin when sel="10"，
        din when sel="11"
        …
              when others；
end block
```

顺序执行语句和并行处理语句总结：

（1）顺序执行语句 wait、assert、if-else、case、for-loop、while 语句只能用在 process、function 和 procedure 中。

（2）并行处理语句（条件信号带入和选择信号带入）只能用在 architecture、block 中。